电路与电子技术实验与实训教程（少学时）

电路·模电·数电·仿真

主 编 王 英

副主编 曹保江 何 虎

参 编 陈曾川 曾欣荣 李冀昆 喻 劼
段 渝 余 嘉 李 丹

U0205766

西南交通大学出版社
·成 都·

内容简介

本教材是《电路与电子技术基础简明教程》的配套实验实训教材。全书介绍了电工电子测量基础知识、实验操作技能、故障判断与处理、安全用电规则和常用仪器仪表使用说明；提供了"电路基础""模拟电子技术基础""数字电子技术基础"三大部分实验与实训项目；讨论了仿真软件和常用仪器仪表使用说明。

本教材可作为高等学校工科电工、电子技术基础教学实验与实训教材，或作为不同层次的电气、电子和非电类各工科专业的《电路与电子技术实验与实训教程（少学时）》教材，用最少的学时和时间，为今后的继续学习和工作奠定电工、电子理论与实践技术基础。

图书在版编目（CIP）数据

电路与电子技术实验与实训教程：少学时：电路·模电·数电·仿真 / 王英主编. 一成都：西南交通大学出版社，2018.8
ISBN 978-7-5643-6353-6

Ⅰ. ①电… Ⅱ. ①王… Ⅲ. ①电路 – 实验 – 教材②电子技术 – 实验 – 教材 Ⅳ. ①TM13-33②TN-33

中国版本图书馆 CIP 数据核字（2018）第 189918 号

电路与电子技术实验与实训教程（少学时） 电路·模电·数电·仿真	主编　王英	责任编辑　黄淑文 助理编辑　梁志敏 封面设计　何东琳设计工作室

印张：14　　字数：350 千

成品尺寸：185 mm×260 mm

版次：2018 年 8 月第 1 版

印次：2018 年 8 月第 1 次

印刷：成都中永印务有限责任公司

书号：ISBN 978-7-5643-6353-6

出版发行：西南交通大学出版社

网址：http://www.xnjdcbs.com

地址：四川省成都市二环路北一段111号
　　　西南交通大学创新大厦21楼

邮政编码：610031

发行部电话：028-87600564　028-87600533

定价：38.00元

前　言

技术基础实验与实训课程是工程技术人才能力培养的重要环节与基础，它将理论与实践融为一体，成为学生工作和继续学习能力培养的关键。《电路与电子技术实验与实训教程（少学时）》正是一部实现工程技术人员能力培养的教材，是高等工科学校各专业用最少的学时学习与实践的一门重要技术基础实验课程教材，是《电路与电子技术基础简明教程》的配套教材。

本书内容共分七章：第 1 章"电路、电子实验与实训基础知识"，主要讨论了两方面问题：一是电工、电子测量的基础知识以及测量误差分析；二是实验操作规则、实验故障处理分析方式方法、实验报告要求以及实验安全用电规则。第 2 章"电路基础实验与实训"，以基本概念、基本元件伏安特性、基本定律、基本定理等为主线，针对基本的实验技能、基本的仪器仪表使用方法、基本的数据处理、基本的故障处理方法、基本的实验报告撰写等展开。第 3 章"模拟电子技术基础实验"，重点针对电子器件特性、参数的测试及运算放大器的线性应用进行实验。第 4 章"数字电子技术实验"，重点介绍组合逻辑电路和时序逻辑电路基本应用、分析、设计和基本调试方法。第 5 章"基于 Multisim 的电路仿真"、第 6 章"常用仪器仪表使用说明"，重点介绍辅助仿真软件和常用电子仪器仪表等的操作方法。第 7 章"电子器件及装置"，重点介绍基本的电子器件测试方法和电路、电子等实践装置。

本书以基础理论为主线，以电量测试方式方法为培养方向，以仪器仪表的使用和故障处理技能为目标，将虚拟仿真与实际操作相结合，全方位地培养学生。本书可作为高等学校电气、电子和非电类各工科专业"电路与电子技术基础实验实训"课程的教材，为学生今后继续学习和工作奠定电工电子技术基础。

本书由西南交通大学王英主编，曹保江、何虎副主编，陈曾川、曾欣荣、李冀昆、喻劼、段渝、余嘉、李丹等参编。另，感谢各位同行、专家给予的支持和建议。

由于作者水平有限，书中的不妥之处恳请广大读者批评指正，谢谢。

王　英

2018 年 8 月

目　录

第 1 章　电路、电子实验与实训基础知识

1.1　电工、电子测量基础知识简述

1.1.1　电工、电子测量的基本概念

测量是为确定被测对象的量值而进行的实验过程。电工测量是以电工技术理论为依据，借助电工仪表，测量电路中的电压、电流、电功率及电能等物理量的实验过程。电子测量则是以电子技术理论为依据，借助电子测量设备，测量有关电子学的量值（如电信号的特性、电子电路性能指标、电子器件的特性曲线及参数）。电工、电子测量的内容通常包含以下几个方面：

1. 能量的测量

如电压、电流、电功率、电能等。

2. 元件参数的测量

如电阻、电容、电感、阻抗、功率因数、品质因数、电压变比、电子器件的性能指标等。

3. 电信号特性的测量

如电信号的频率、相位、失真度、幅频特性、相频特性等。

4. 电子电路性能的测量

如放大倍数、通频带、灵敏度、衰减度等。

5. 非电量的测量

如温度、压力、速度等。

上述各项测量参数中，电压、频率、阻抗、相位等是基本电参数，它们是其他参数测量的基础。如电功率的测量，可通过电压、阻抗的测量实现；放大器增益的测量，可通过输入、输出端电压的测量实现。

1.1.2　测　量　误　差

在测量过程中，由于受到测量设备、测量方法、测量经验等多种因素的影响，可能使测

量的结果与被测量的真实数值之间产生差别，这种差别称为测量误差。

1. 测量标准

不同的测量项目，对其测量误差大小要求的标准是不同的。目前，测量标准的分类方式有三种。

1）按层级分类

按照标准化层级标准作用和有效范围的不同，将标准划分为不同层次和级别的标准。一般有国际标准、区域标准、国家标准、行业标准、地方标准、企业标准等。

（1）国际标准：由国际标准化或标准组织制定，并公开发布的标准。如国际标准化组织（ISO）和国际电工委员会（IEC）批准、发布的标准是目前主要的国际标准。

（2）区域标准：由某一区域标准化或标准组织制定，并公开发布的标准。如欧洲标准化委员会（CEN）发布的欧洲标准（EN）就是区域标准。

（3）国家标准：由国家标准团体制定，并公开发布的标准。如 GB、ANSI、BS 是中、美、英等国的国家标准代号。

（4）行业标准：由行业标准化团体或机构制定，并公开发布的标准。这是在行业内统一实施的标准，又称为团体标准。

（5）地方标准：由一个国家的地方部门制定，并公开发布的标准。

（6）企业标准：由企业事业单位自行制定，并公开发布的标准。企业标准在有的国家又称为公司标准。

2）按对象分类

按照标准对象的名称归属分类，将标准划分为产品标准、工程建设标准、工艺标准、环境保护标准、数据标准等。

3）按性质分类

按照标准的性质分类，将标准划分为基础标准、技术标准、管理标准、工作标准等。

测量标准的分类方法较多，如根据标准实施的强制程度，将标准分为强制标准、暂行标准、推荐标准。

2. 测量常用术语

1）真　值

被测量的参数量本身所具有的真实值称为真值。真值是一个理想的概念，一般是不可知的。

2）实际值

通常将精度较高的标准仪器、仪表所测量的值作为"真值"，但它并非是真正的"真值"，所以将其称为实际值。

3）标称值

测量器件、设备上所标出的数值称为标称值，如标准电阻、电容等器件上标出的参数值。

4）示值

测量仪器所指示出的测量数据称为示值。示值是指测量结果的数值。

5）精度

精度是指测量仪器的读数或测量结果与被测量真值一致的程度。精度高，说明测量误差小；精度低，说明测量误差大。因此，精度是测量仪表的重要性能指标，同时也是评定测量结果的最主要、最基本的指标。

精度还可以用精密度、正确度、准确度三个指标来表征。

（1）精密度：表示仪表在同一测量条件下对同一被测量值进行多次测量时，所得到的测量结果的分散程度。它说明仪表指示值的分散性。

（2）正确度：说明仪表指示偏离真实值的程度。

（3）准确度：它是精密度和正确度的综合反映。当用于测量结果时，表示测量结果与被测量真值之间的一致程度；当用于测量仪器时，则表示测量仪器的示值与真值之间的一致程度。准确度是一种定性的概念。

3. 测量误差常用术语

测量误差通常用绝对误差和相对误差来表示。

1）绝对误差

测量的示值 X 与被测量真值 X_0 之间的差值称为绝对误差，用ΔX表示。

$$\Delta X = X - X_0 \tag{1.1}$$

在实际测量中，精度越高的仪器仪测量值的绝对误差越小。

2）相对误差

相对误差能够反映被测量的测量准确程度。

在实际应用中，相对误差可分为实际相对误差、示值相对误差和满度相对误差。

（1）实际相对误差：测量的绝对误差ΔX与被测量的真值 X_0 之比，用符号 γ_0 表示。

$$\gamma_0 = \frac{\Delta X}{X_0} \times 100\% \tag{1.2}$$

（2）示值相对误差：测量的绝对误差ΔX与仪器、仪表示值 X 之比，用符号 γ_x 表示。

$$\gamma_x = \frac{\Delta X}{X} \times 100\% \tag{1.3}$$

（3）满度相对误差：测量仪器、仪表各量程内最大绝对误差ΔX_m与测量仪器、仪表满度值（量程上限值）X_m之比，用符号 γ_m 表示。

$$\gamma_m = \frac{\Delta X_m}{X_m} \times 100\% \tag{1.4}$$

满度相对误差也叫满度误差、引用误差。

我国电工仪表的准确度等级 S 就是按满度误差 γ_m 分级的,按 γ_m 大小依次划分成 0.1、0.2、0.5、1.0、1.5、2.5 及 5.0 共七级。例如, 某电压表为 0.2 级, 即表明它的准确度等级为 0.2 级, 它的满度相对误差不超过 0.2%, 即 $|\gamma_m| \leq 0.2\%$（或 $\gamma_m = \pm 0.2\%$）。

【例 1】　用量限为 100 V、准确度为 0.5 级的电压表, 分别测量出 80 V、50 V、20 V 电压值, 试问测量结果的最大相对误差是否相同?

【解】　仪表量程内绝对误差的最大值:

$$\Delta X_m = \gamma_m \cdot X_m = \pm 0.5\% \times 100 = \pm 0.5 \ (V)$$

测量 80 V 值的最大相对误差:

$$\gamma_{xm} = \frac{\Delta X_m}{X} \times 100\% = \pm \frac{0.5}{80} \times 100\% = \pm 0.625\%$$

测量 50 V 值的最大相对误差:

$$\gamma_{xm} = \frac{\Delta X_m}{X} \times 100\% = \pm \frac{0.5}{50} \times 100\% = \pm 1\%$$

测量 20 V 值的最大相对误差:

$$\gamma_{xm} = \frac{\Delta X_m}{X} \times 100\% = \pm \frac{0.5}{20} \times 100\% = \pm 2.5\%$$

由例 1 可知, 测量结果的准确度不仅与仪表的准确度等级有关, 而且与被测量值的大小有关。当仪表的准确度等级给定时, 所选仪表的量限越接近被测量值, 测量结果的误差就越小。但有些电路, 尤其是电子线路, 其等效电阻有时比万用表低电压量程挡的总电阻大得多, 测量时选择较高的电压量程反而比较准确。

在万用表的面板上都标明了交、直流电压和电流以及欧姆挡等各测量挡的准确度等级。

【例 2】　现有两块电压表, 一块电压表量程为 50 V、准确度为 1.5 级, 另一块电压表量程为 15 V、准确度为 2.5 级, 若要测量一个约为 12 V 的电压, 试问选用哪一块电压表测量合适?

【解】

（1）用量程为 50 V、准确度为 1.5 级的电压表测量, 则

仪表量程内绝对误差的最大值:

$$\Delta X_m = \gamma_m \cdot X_m = \pm 1.5\% \times 50 = \pm 0.75 \ (V)$$

测量 12 V 值的最大相对误差:

$$\gamma_{xm} = \frac{\Delta X_m}{X} \times 100\% = \pm \frac{0.75}{12} \times 100\% = \pm 6.25\%$$

（2）用量程为 15 V、准确度为 2.5 级的电压表测量, 则

仪表量程内绝对误差的最大值:

$$\Delta X_m = \gamma_m \cdot X_m = \pm 2.5\% \times 15 = \pm 0.375 \ (V)$$

测量 12 V 值的最大相对误差:

$$\gamma_{xm} = \frac{\Delta X_m}{X} \times 100\% = \pm \frac{0.375}{12} \times 100\% = \pm 3.125\%$$

所以, 应选用量程为 15 V、准确度为 2.5 级的电压表。

4．测量误差来源

产生测量误差的原因是多方面的，测量数据的误差是一个综合反映，主要由以下几方面引起误差：

（1）仪器仪表误差：由测量仪器、仪表准确度引起的误差。

（2）人员误差：由于测量者的分辨能力、实验实训操作习惯等原因引起的误差。如测量者在读取模拟仪器的标尺数据时，会出现视差；测量者在仪器仪表到达稳定值之前读数据，会产生动态误差。

（3）测量方法误差：测量方式，测量仪器、仪表选择，测量接线粗细长短等引起的误差。

（4）环境误差：由实验实训所处的环境引起的误差。如温度、湿度、电磁场、噪声等均会引起误差；又如，仪器、仪表长时间使用，其性能偏离标准而未校准所引起的误差。

1.1.3　测量仪器

测量仪器是将被测量转换成可以直接显示或读取数据信息的设备，它包括各类指示仪器、比较式仪器、记录仪器、信号源和传感器等。一般，将利用电子技术测量各种待测量的仪器称为电子测量仪器，而利用电工技术测量各种待测量的仪器称为电工测量仪器。

1．电工测量仪器

电工测量仪器的基本结构是电磁机械式的，借助指针来显示测量结果。通常分为两类：电测量指示仪表类和比较仪器类。

（1）电测量指示仪表：按仪表的工作原理可分为电磁系、磁电系、电动系、感应系和整流系；按仪表测量对象可分为电压表、电流表、功率表、功率因数表、兆欧表、电度表等。

（2）电测量比较仪器：主要有交直流电桥测量仪、交直流补偿式测量仪等。

2．电子测量仪器

通常将电子测量仪器的发展分为四个阶段：模拟仪器（测量数据采取指针式显示，如万用表、晶体管电压表等）、数字化仪器（测量数据采取数字式输出显示，如数字万用表、数字频率计、数字式相位计等）、智能仪器（能对测量数据进行一定的数据处理，内置微处理器）和虚拟仪器（检测技术、计算机技术和通信技术有机结合的产物）。

1.2　测量方法简介

1.2.1　电工技术的测量方法

1．按测量手段分类

按测量手段可分为直接测量、间接测量和组合测量三种。

1）直接测量

直接用测量仪器、仪表测量被测量的数据的方法称为直接测量。如用电流表测量电流、电压表测量电压等。直接测量方法在工程测量中被广泛应用。

2）间接测量

被测量的数据是通过测量其他数据后换算得到的，不是直接测量所得，这种间接测试数据的方法称为间接测量。如电阻的测量：通过测量电压、电流的量值，根据欧姆定律计算出电阻的大小。间接测量在科研、实验研究室及工程测量中被广泛应用。

3）组合测量

被测量的数据需通过多个测量参数及函数方程组联立求解得到，这种测量方法称为组合测量。组合测量与间接测量的不同之处是，组合测量是在不同的测量条件下，进行多次测量得到的测量参数。组合测量方法比较复杂，一般应用于科学实验。

2. 按测量方式分类

按测量方式可分为直读法和比较法两种。

3. 按测量性质分类

按测量性质可分为时域测量、频域测量、数字域测量和随机测量四种。

（1）时域测量：测量与时间有函数关系的量，如用示波器观测随时间变化的量。

（2）频域测量：测量与频率有函数关系的量，如用频谱分析仪分析信号的频谱。

（3）数字域测量：测量数字电路的逻辑状态，如用逻辑分析仪等测量数字电路的逻辑状态。

（4）随机测量：主要测量各种噪声、干扰信号等随机量。

1.2.2　模拟电子技术的测量方法简介

1. 电压的测量方法

下面介绍两种测量电压的方法，即直接测量法和示波器测量法（又称比较测量法）。

1）直接测量法

直接测量法是一种直接用电压表测量电压的方法。

在测量电压时，注意考虑电表的输入阻抗（或电阻）、仪表的量程、频率范围等。在仪表量程的选择上，尽量使被测电压的指示值（即电压值的大小）大于仪表满刻度量程的 2/3，减少仪表所产生的测量误差。

2）示波器测量法

示波器测量法是用示波器同时测量并显示被测电压与已知电压，通过对被测电压信号与已知电压信号的比较，计算出被测电压值。所以，示波器测量法又称为比较测量法。

2. 阻抗的测量方法

在模拟电子电路中，阻抗参数值是描述系统的传输及变换的一个重要技术指标。特别是低频条件下模拟线性放大电路的输入电阻和输出电阻，是反映放大电路特性的重要参数。

根据电路理论中的欧姆定律，可得：

直流电路中电阻为

$$R = \frac{U}{I}$$

正弦交流电路中阻抗为

$$Z = \frac{\dot{U}}{\dot{I}} = R + \mathrm{j}X$$

即欧姆定律是测量阻抗的理论基础。

1.2.3　数字电子技术的测量方法简介

数字电子电路的实验过程是对基本逻辑器件功能特性了解掌握的过程，是检验、修正设计方案的实践过程，是理论知识应用的过程，是电子工程师们必须掌握的基本技能，而实验中的测试方法、分析技能则是数字电子电路正常工作的基本保证。

数字电路技术测量方法主要分为集成电路器件功能测试和数字逻辑电路的逻辑功能测试。

1. 数字集成电路器件的功能测试方法

在实验之前，应对所选用的数字集成器件进行器件的逻辑功能检测，避免在实验过程中因器件原因发生电路故障，增加故障分析判断的难度。常用的有如下三种检测器件功能的方法：

1）仪器测试法

仪器测试法是通过一些数字集成电路测试仪，对数字集成电路器件功能进行检测的方法。

2）实验法

根据已知数字集成电路器件的功能，设计一个能直接反映其功能的测试电路，通过实验电路是否能完成其器件的逻辑功能，判断器件的功能是否正常。

3）替代法

先用一个已知功能正常的同型号器件连接一个数字应用电路，再用被测器件去替代这个正常工作的相同型号器件，从而判断器件的功能是否正常。

2. 数字电路的分析测试方法

数字电路的测试方法有多种，用不同的仪器仪表，其测试方法略有不同。但基本上都是对测试数字电路的逻辑结果加以分析，从而得出数字电路的逻辑关系和时序波形图。在实验中，常用的测试仪器主要是示波器、逻辑分析仪等。

1.3　电工、电子技术实验与实训须知

实验与实训是电工、电子技术基础课程重要的实践性教学环节。其目的不仅是巩固和加深理解所学的知识，更重要的是通过实验，了解电子仪器、仪表及测量操作的方式方法，掌握电工电子基本测量的操作技能，学会运用所学知识分析和判断故障产生的原因，用最有效的方式方法排除实验故障，或采用更好的测量方法减小故障发生率和测量误差，树立工程实践理念和严谨的科学作风。在实验中提高创新能力和培养综合素质。

1.3.1　实验与实训的基本要求

电工、电子实验与实训一般可分为三个阶段，如图 1.3.1 所示。

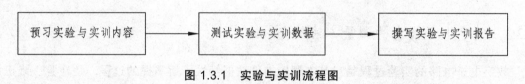

图 1.3.1　实验与实训流程图

预习阶段：预习实验与实训相关内容，写出预习报告。预习报告是顺利完成实验与实训的保障。

实验操作与数据测试阶段：在做好实验实训前的预习基础上，进入实训室，摆放实训仪器、仪表和设备装置，按要求接线，调节参数，测试操作，记录数据等。实验实训过程和实验结果关系到实验报告的深度和正确性。

实验报告的撰写阶段：实验报告的好坏，直接反映出实验实训的操作技能、测试能力、数据分析与理论研究等科学实践的水平。

1. 预习报告

"预习报告"是实验实训前对每一个学生提出的要求。实验实训前每一位学生应反复向自己提出以下几个问题。即

（1）我进实验实训室做什么项目？

（2）我做实验实训的目的是什么？

（3）实验实训项目的基本原理、基本电路图和基本内容要求是什么？

（4）怎么才能准确无误地实施操作完成实验实训项目？

（5）实验实训数据怎么测试？怎样判断测试数据的正确性？

（6）实验实训实施过程中要用到哪些电子仪器、仪表？如何操作使用这些仪器、仪表？

（7）实验实训中有哪些安全注意事项？

同时，阅读理论教材和实验实训教材，完成预习报告，即实验实训目的、原理、仪器仪表、操作步骤、电路图表、注意事项等，掌握实验实训项目操作技能和参数的测试方法。

2. 实验与实训过程

"实训室"不仅仅是一个实验与实训课程学习的平台，它还是科学与研究的发源地。从简

单的"证明""验证"性项目开始，告诉大家，实验实训是怎样进行的，参数是如何测量出来的，仪器、仪表的作用是什么，看似简单的理论是如何在实验中得以证明。而实验证明的过程又教会我们更多的科学研究方式方法，所以，实训室是所有学生提高实践能力、展现科学研究水平的地方。

　　电气电子类实验实训涉及人身安全和国家财产的安全，因此实验实训进行中必须保证安全第一，遵守实验实训操作守则是做实验实训者必备的素质。在实验实训过程中，要求必须做到：

　　（1）准时进入实验实训室，在规定的时间内完成任务；遵守实验实训室的规章制度；实验实训项目完成后整理好器件和仪器、仪表等。

　　（2）掌握仪器、仪表、装置等技术指标、参数和使用方法。

　　① 了解设备的名称、用途、铭牌规格、额定值及面板旋钮情况。

　　② 重点关注设备使用的极限值。

　　注意测量仪表、仪器最大允许输入量。例如：电流表、电压表和功率表要注意最大电流值或电压值；万用表、示波器、数字频率计等的输入端都规定有允许的最大输入值，不得超过，否则会损坏设备。多量程仪表要正确使用量程，千万不能用欧姆挡测量电压，或用电流挡测量电压。

　　③ 掌握设备面板上各旋钮的作用，操作中禁止无意识地乱拨动旋钮。

　　④ 使用设备前，首先判断设备是否正常或完好。有自校功能的可通过自校信号对设备进行检查。例如：示波器有自校的正弦波或方波；频率计有自校标准频率。

　　（3）严格按照科学的操作方法进行实验实训，按实验实训电路图进行正确接线和布线。

　　① 合理安排仪表元件的位置，接线该长则长，该短则短，达到接线清楚，容易检查，操作方便的目的。

　　② 接线规律：先接电路图中的回路，再接并联支路。电流大的用粗导线，电流小的用细导线。

　　（4）实验实训中出现故障时，首先应用理论知识，根据故障现象，耐心分析原因，并能通过自己的努力或在老师的指导下独立排除故障。

　　（5）用正确的方法读取实验实训数据，细心观察实验实训现象，准确测绘波形曲线参数，做到原始数据记录完整和准确。

3. 实验实训报告

　　撰写实验实训报告是整个项目中的一个重要学习环节，是每一个工程技术人员必须经历的一项基本训练，一份优秀的报告能反映出实验者的科学实践水平，是项目成功的最好答卷。因此，下面分别对验证性和设计综合性两类实验实训报告的撰写提出不同的要求。

　　1）验证性实验实训报告的撰写要求

　　（1）报告必须用规定的报告纸撰写。

　　（2）验证报告中所有图形都用同一颜色的笔绘制，绘制电路图的线条要笔直工整，曲线图必须画在坐标纸上。

　　（3）报告字迹清楚、工整、整洁，整个报告版面布局合理。

　　（4）报告内容齐全。即包括实验实训目的、原理、仪器仪表和器件、操作步骤、原始测量数据的整理分析、故障分析、项目实施结果分析、项目内容的讨论及心得体会等。

2）设计综合性实验与实训报告的撰写要求

（1）报告必须用规定的报告纸撰写。

（2）设计任务、要求和技术指标；实验实训条件应包括仪器、仪表、软件、实验装置和元器件的型号规格。

（3）实验实训电路的设计原理、方案中应包含：设计原理的论述，设计流程图、原理图、电路图等的阐述说明，可以以单元模块电路的形式展开讨论各功能电路。

（4）写出实验实训步骤，数据分析、波形和现象，论述操作中的故障原因及解决的办法或方案。

（5）分析实验实训结果。

（6）围绕思考题或实验实训讨论题展开研究性论述。

（7）讨论实验实训结果是否存在误差，是否能进一步改进完善电路性能，或降低成本，或修正方案，或改进步骤，或增删内容等。

（8）写出设计心得体会。总结设计性实验与实训中的收获与体会、成功与经验、失败与教训，全面提高工程实践素质。

1.3.2　实验与实训规则

为了在实验实训中培养学生严谨的科学作风，确保人身和设备的安全，顺利完成实验实训任务，特制定以下规则：

（1）严禁在实验操作中带电接线、拆线或改接线路。

（2）测量线路接好后，要认真复查，确信无误后，经指导教师检查同意，方可接通电源进行操作。

（3）通电操作时，必须全神贯注地观察电路、仪器、仪表的变化，如有异常，应立即断电，检查故障产生的原因。如实验过程中发生事故，应立即关断电源，保持现场，报告指导教师。

（4）测量中应注意正确读出测量数据。实验内容完成后，先由本人检查测量的数据，分析判断是否正确，若有问题，分析问题的原因并解决。测量数据交给指导教师检查，经教师认可后方可拆除实验实训线路，并将实验器材、导线整理好。

（5）实验实训室内仪器设备不准任意搬动调换，非本次项目所用的仪器设备，未经教师允许不得动用。不会使用的仪器、仪表、设备等，不得贸然通电使用。若损坏仪器设备，必须立即报告指导教师，并作书面检查，责任事故按规定酌情赔偿。

（6）整个实验与实训操作过程中，要严肃认真，保持安静、整洁的学习环境。

1.4　实验故障处理

1.4.1　电路实验故障处理

1. 故障原因

电路实验中故障的诊断、排除比电子实验中所发生的故障要容易处理。但不论何种故障，如不及时排除，都会直接影响实验测量数据的正确性或对实验仪器、仪表造成损坏。

电路实验中发生故障的原因大致有以下几种：

（1）实验线路连接有错，造成实验电路开路或短路故障，或连接成错误的测试实验系统。

（2）实验线路接触不良或导线损坏，造成实验电路开路。

（3）实验线路接触松动，产生很大的接触误差或测量数据不稳定，影响测量数据的准确性。

（4）仪器、仪表、实验装置、器件等发生故障。

（5）使用仪器、仪表测量时的方式方法或数据读取换算发生错误。

2. 故障处理

电路实验中一般采用断电检查处理故障，操作顺序如下：

（1）切断电源，检查仪器、仪表、实验装置、器件等是否发生故障或使用的测量方式方法等是否正确。

（2）检查线路连接是否正确，线路接触是否松动。

（3）用万用表的欧姆挡测量实验导线是否损坏。

（4）根据故障现象，用所学的理论知识，判断故障发生的原因，确定故障发生位置。

（5）通电后，从电源始端开始依次测量电压（或用示波器观测），综合判断分析故障发生位置，缩小故障发生范围。

1.4.2　电子实验故障处理

1. 故障原因

在实验实验中，当电子电路达不到预期的逻辑功能时，就称为故障。通常有四种类型的故障：一是电路设计错误；二是布线错误；三是集成器件使用不当或功能不正常；四是实验实验箱、仪器、导线或插座等不正常。

2. 故障处理

一般，实验前充分准备，实验中操作细心，将会减少故障发生率。对于实验中出现的故障，运用信号传输变化规律和逻辑关系，分段或分模块检查判断，实验故障是不难排除的。从另一个角度看，正因为有实验故障的存在，实验过程才更有意义，实践能力才得以提高。

对验证性实验，由于其内容、实验电路大多是预先指定的，相对于设计性实验来说，实验者的主观能动性体现不多。因而，要求实验者在做实验前，必须理解验证性项目所要验证的现象或理论、实验电路等；对实验结果和操作中可能出现的种种现象，预先做出分析和估计。否则，就可能对实验结果似是而非，甚至做完了还不清楚自己做的是什么实验内容，为什么要做实验。

下面介绍一些常用的实验实训故障检查方法：

（1）检查集成元器件的使用。

使用前应使其引脚间距适当；集成元器件的正方向一致；均匀用力按下，使用专用拔钳工具拔出。

（2）检查电压。

测量电源输出电压是否符合要求；检查各集成元器件是否已加上规定的电压。

（3）检查线路。

检查是否有不允许悬空的输入管脚未接入电路；对于较复杂的电路，可以分步接线和检查，经测量验证无误后，再继续接线。

（4）正确布线和接地。

布线的顺序通常是先接地线和电源线，再接输入线、输出线和控制线。若无论输入信号怎样变化，输出一直保持高电平不变，则集成元器件可能没有接地，或接地不良；若输出信号保持与输入信号以同样的规律变化，则集成元器件可能没有接电源。

（5）组合逻辑电路。

对于有多个"与"输入端的器件，如果实际使用时有多余输入端，在检查故障时，可以调换另外的输入端试用。实验实训中使用器件替换法也是一种有效的检查故障的方法，以排除器件功能不正常引起的电路故障。

（6）逐级跟踪。

按信号流程依次逐级向后检查，也可以从故障输出端向输入方向逐级向前检查，直至找到故障点为止。

3. 实验实训结束时的操作

实验实训结束后，必须先关电源后拆除电子电路。

1.5　实验与实训安全用电规则

安全用电是实验实训中始终需要注意的重要问题。为了很好地完成实验实训，确保实验实训人员的人身安全和仪器、仪表、设备等装置的完好，在电工实验实训中，必须严格遵守下列安全用电规则。

1. 断电操作

接线、改线、拆线操作都必须在切断电源的情况下进行，即先接线后通电，先断电再检查线路故障、改接线路、拆线等。

2. 绝缘测量

在电路通电的情况下，人体严禁接触电路中不绝缘的金属导线或连接点等带电部位。万一遇到触电事故，应立即切断电源，进行必要的处理。

3. 集中注意力

在实验实训测量中，特别是设备刚投入运行时，要随时注意仪器、设备等实验实训装置的运行情况，如发现有过载、超量程、过热、异味、异声、冒烟、火花等现象，应立即断电，并请指导教师检查。严禁在实验实训过程中玩弄其他电子产品。

4. 按额定值使用

了解有关电器设备的规格、性能及使用方法，严格按额定值使用。注意仪表的种类、量程和连接方法的区别。例如，不能用电流表测量电压值，不能用万用表的电阻挡测量电压值，功率表的电流线圈不能并联在电路中等。

5. 实验实训过程中保持肃静

实验实训中做到：严肃认真、保持安静、环境整洁。

第2章 电路基础实验与实训

本章以"电路分析"理论为知识平台，通过一系列基础实验的逐步展开，使学生掌握一些常用的仪器、仪表和测量设备的使用方法及基本原理，掌握电工测量操作技能，学会判断、处理故障的基本方法，了解安全用电知识，为后续相关学科的学习、实践及工作奠定基础。

2.1 万用表的使用

2.1.1 实验目的

（1）掌握万用表的基本功能、操作技能和测量方法。
（2）掌握直流稳压电源的使用方法。
（3）了解实验的基本操作过程。

2.1.2 数字万用表测量原理

万用表是一种多用途的电表，其类型很多，如按读取所测量数据的方式可分为指针式和数字式两种类型。一般万用表都包含以下几个基本的测量功能：测量直流电流、直流电压、交流电压、电阻等。虽然万用表形式多种多样，测量范围及功能亦各有差异，但使用方法大体相同。

本实训课程主要运用的数字万用表功能包括：测量交直流电压/电流、电阻、二极管、电容、频率等。

1. 交直流电压的测量

通过转动功能量程旋钮开关选择数字万用表的测量电压功能，电压量程应大于被测量数据。测量电压时，将测试棒跨接（并联）于被测电路两端。测量电压接线原理如图 2.1.1（a）所示。

注意：

（1）测量直流电压时，黑色测试笔应接低电位点，红色测试笔应接高电位点。

（2）测量电压时，为了测量安全和避免烧坏数字万用表，应在切断电源的情况下变换电压的测量量程。

（3）测量未知量电压时，应先选择最高电压测量挡，根据第一次测量的数据确定测量电压的量程，这样可避免损坏万用表。

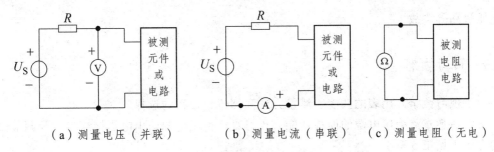

（a）测量电压（并联）　　　（b）测量电流（串联）　　（c）测量电阻（无电）

图 2.1.1　电压、电流和电阻值的测量原理接线图

2. 交直流电流的测量

通过转动功能量程旋钮开关选择数字万用表的测量电流功能，电流量程应大于被测量数据。测量电流时，将测试棒串接于被测电路中。测量电流接线原理如图 2.1.1（b）所示。

注意：

（1）千万不要用测量电流功能挡测量电压，数字万用表会被烧毁。

（2）测量电流时，为了避免烧坏数字万用表，应在切断电源的情况下，进行万用表的连接和变换电流的测量量程。

（3）如被测电流量未知，应先选择最高电流测量挡，根据第一次测量的数据确定测量电流的量程，这样可避免损坏万用表。

3. 电阻的测量

转动功能量程旋钮开关至所需测量的电阻挡，将测量试棒两端短接，其电阻值应小于 0.5 Ω，否则检查表笔是否有松脱现象或其他原因。测量电阻接线原理如图 2.1.1（c）所示。

注意：

（1）断电测量电阻值。测量电路中的电阻时，必须先切断电源，如电路中有电容元件，则应对电容进行放电，绝对不能在带电线路上用万用表测量电阻值。

（2）测量误差。在低电阻测量时，表笔会产生约 0.1～0.2 Ω 的测量误差。为获得精度较高的测量数据，测量前先将表笔短路，采用 REL 相对测量模式，确保测量精度。

4. 数字万用表的使用步骤

万用表使用时要遵循一看、二扳、三试、四测 4 个步骤。

一看：接通电源前，看看数字万用表连接是否正确，是否符合被测要求。即测量电流时，仪表与被测电路串联；测量电压时，仪表与被测电路并联；测量电阻时，仪表与被测电阻直接连接。

二扳：按照被测电量的种类和估计出的测量值的大小，转动功能量程旋钮开关至所需测量的功能和挡位上（如被测量未知，选择最高测量挡）。

三试：先试测，用测试笔触碰被测试点，根据仪表数据显示情况，确定仪表测量量程。

四测：在无异常现象时，可进行测量，读取数据。

注意：

测量时，使用测试笔不要用力过猛，以免测试笔滑动碰到其他电路，造成电路短路或测量电压过高等事故。

2.1.3　预习内容

（1）预习数字万用表的功能、测量方法和挡位、量程的选择。

（2）熟悉直流稳压电源的面板功能，预习直流稳压电源输出电压接线方式及调节输出电压的方法（见第 5 章）。

（3）分别画出串联、并联电阻测量电路图，并说明万用表的挡位、量程的选择。

（4）预习实验原理、内容及测量电路图，实验操作过程中，确定测量数据的测试方法。

（5）根据预习结果，填写实验表格中各个被测量的挡位选择、量程选择和标称值。

（6）明确实验项目中应注意的事项。

（7）撰写实验预习报告，内容包括：实训目的、原理、仪器仪表及设备装置、内容步骤、电路图表及操作注意事项等。

2.1.4　实验仪表和设备

实验仪表和设备包括：数字万用表、直流稳压源、电路实验箱。

2.1.5　实验内容及步骤

1. 测量电压

（1）测量交流电源插座的电压值，其测量接线操作如图 2.1.2 所示，并将测量交流电压数据记录在表 2.1.1 中。

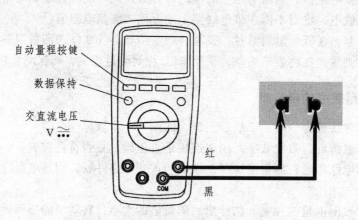

图 2.1.2　测量交流电压的接线电路图

注意：

① 万用表的量程选在交直流电压挡上。

② 切勿用万用表的电流挡、欧姆挡测量电压，否则，万用表会被烧毁。

③ 测量量程选择大于被测电压 220 V，即量程选择最大值 600 V。

④ 测量交流电压时注意人身安全。

（2）测量直流稳压源输出的电压值，其测量接线操作如图 2.1.3 所示，并将测量数据记录在表 2.1.1 中。

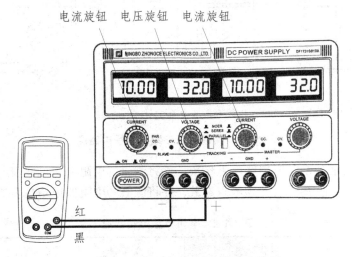

图 2.1.3　测量直流电压的接线电路图

表 2.1.1　电源电压的测量

测量项目	挡位选择	量程选择	标称值	测量值
交流电源			220 V	
直流电源			12 V	
直流电源			24 V	

直流稳压源作为直流电压源输出时，首先将两个电流调节旋钮（见图 2.1.3）顺时针调节到最大，然后打开电源开关 POWER，调节稳压源输出电压旋钮，使输出直流电压至需要的电压值，即用万用表测量的电压值如表 2.1.1 中各标称值所示。

注意：

① 万用表的量程选在交直流电压挡上，按自动量程键选择合适的测量量程（60 V）。

② 切勿用万用表的电流挡、欧姆挡测量电压，否则，万用表会被烧毁。

③ 调节直流稳压源电压时，注意输出电压由 0 V 缓慢逐渐增加。

④ 切勿将直流稳压源的输出端短路，否则，会损坏直流稳压电源。

⑤ 万用表测量直流电压时，注意万用表的红" + "、黑" – "测试棒与直流稳压源的" +、– "极性对应，如图 2.1.3 所示。

2. 测量电阻

（1）测量电阻元件 R_1、R_2、R_3 的参数，并将测量值记录在表 2.1.2 中。

注意：

① 用万用表的欧姆挡测量电阻元件的电阻数据。

② 切勿带电测量电阻值，如图 2.1.4 所示。

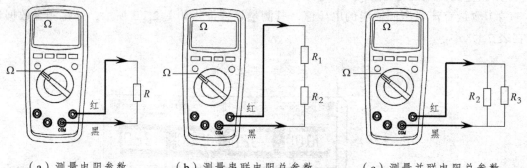

（a）测量电阻参数　　　　（b）测量串联电阻总参数　　　　（c）测量并联电阻总参数

图 2.1.4　测量电阻参数的接线电路图

（2）测量电阻元件 R_1、R_2 串联电阻参数，并将测量的电阻值记录在表 2.1.2 中。

（3）测量电阻元件 R_2、R_3 并联电阻参数，并将测量的电阻值记录在表 2.1.2 中。

表 2.1.2　电阻参数值的测量

测量项目	挡位选择	量程选择	标称值	测量值
R_1			300 Ω	
R_2			510 Ω	
R_3			1 000 Ω	
R_1、R_2 串联				
R_2、R_3 并联				

3. 串联电阻电路的分压特性测量

（1）首先将直流稳压源的两个电流调节旋钮顺时针调节到最大。

（2）打开电源开关 POWER，调节稳压源输出电压旋钮，并用万用表测得直流稳压输出电压为 $U_S = 26$ V，然后关闭稳压源的电源，待用。

注意：千万不要用万用表的电流挡、欧姆挡测量直流稳压输出电压 U_S。

（3）按如图 2.1.5 所示电路接线。

注意：经指导教师检查线路无误后继续实训操作。

（4）用万用表**分别**测量图 2.1.5 所示串联电路 R_1、R_2、R_3 端电压 U_1、U_2、U_3，并将测量数据记录在表 2.1.3 中。

注意：用万用表测量电压时，万用表与被测元件并联，万用表的“ + 、 – ”极性与被测元件端电压的方向一致。

实训测量数据经指导教师检查合格后，调节直流稳压电源输出电压为 0 V，关闭直流稳压电源，拆线。

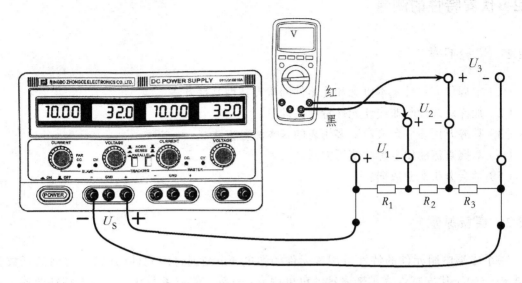

图 2.1.5　串联电阻电路的分压特性测量图

表 2.1.3　串联电路的电压测量

测量项目	挡位选择	量程选择	标称值/计算值	测量值
直流稳压电源 U_S			26 V	
U_1				
U_2				
U_3				

4. 实验结束后操作

将所用的仪器、仪表、器件和导线整理放置好。

2.1.6　实验报告

（1）将测量数据填写在预习报告表格中。

（2）总结用万用表测量电压、电阻的方式方法。

（3）讨论用万用表测量电压、电阻时，应注意什么问题？

（4）讨论使用直流稳压电源输出电压时，操作中应注意什么问题？

（5）讨论串联电阻电路的分压特性。

（6）记录实验体会。

2.2 伏安特性的测量

2.2.1 实验目的

（1）掌握伏安特性基本概念和元器件的伏安特性测量方法。
（2）加深对线性与非线性元件特性的理解。
（3）掌握万用表、台式数字多用表的基本测量方法。
（4）掌握直流稳压电源的使用方法。
（5）学会分析实验数据。

2.2.2 实验原理

一个二端电阻元件的特性可用该元件的端电压 u 与通过该元件的电流 i 之间的函数关系式 $u = f(i)$（伏安特性式）来表示，也可用 $u\text{-}i$ 平面上的一条曲线（即伏安特性曲线）来表征。

电阻元件的伏安特性分为两类，即线性电阻伏安特性和非线性电阻伏安特性。

1. 线性电阻

阻值 R 为常数的电阻称为线性电阻，即电阻的大小与端电压 u 和通过的电流 i 大小无关。

如图 2.2.1（a）所示的线性电阻 R 的电压 u 与电流 i 之间的函数关系式为欧姆定律式 $u = Ri$，其伏安特性曲线是 $u\text{-}i$ 平面上一条过原点的直线，直线的斜率由电阻值 R 决定，如图 2.2.1（b）所示。

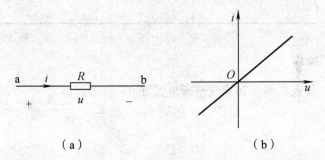

（a）   （b）

图 2.2.1　线性电阻电路及伏安特性曲线图

2. 非线性电阻

阻值不是常数的电阻称为非线性电阻，即非线性电阻的阻值大小随端电压 u 大小变化而变化。

非线性电阻伏安特性是 $u\text{-}i$ 平面上一条过原点的曲线，例如：当半导体二极管 D 元件端电压和通过的电流如图 2.2.2（a）所示时，二极管 D 元件的伏安特性曲线如图 2.2.2（b）所示，即不同的电压作用下，其电阻值不同。

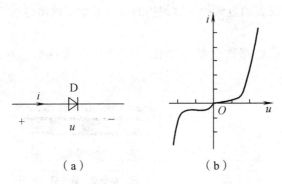

图 2.2.2 二极管电路及伏安特性曲线图

3. 伏安特性曲线

通过实验方式，测量元器件的伏安特性曲线，从而分析出被测器件的物理特性。本次实验项目指定了两个元件，即线性电阻元件 R 和二极管元件 D，伏安特性测试电路如图 2.2.1、图 2.2.2 所示，其测量数据记录于表 2.2.1、表 2.2.2 中，根据表中实验数据，在坐标纸上描述出 u-i 平面的伏安特性测量曲线。

2.2.3 预习内容

（1）预习万用表电压、电流测量挡位、量程的选择方法及测量时的注意事项。
（2）预习台式数字多用表电压、电流测量使用方法。
（3）预习直流稳压电源输出电压的调节方法及注意事项。
（4）预习实验内容、操作步骤、实验图表等。
（5）撰写实验预习报告，内容包括：实训目的、原理、仪器仪表及设备装置、内容步骤、电路图表及操作注意事项等。

2.2.4 实验仪表和设备

实验仪表和设备包括：万用表、直流稳压源、台式数字多用表、电路实验箱。

2.2.5 实验内容及步骤

1. 线性电阻的伏安特性测量

（1）用万用表测量电阻 R 值，并记录于表 2.2.1 中，电阻待用。
注意：切勿带电测量电阻值。
（2）将直流稳压源的两个电流调节旋钮顺时针调节到最大；打开电源开关 POWER，调节稳压源输出电压旋钮，并用仪表测得直流稳压输出电压为 $U_S = 0\ V$，然后关闭稳压源的电源，待用。

注意：千万不要用仪表的电流挡、欧姆挡测量直流稳压输出电压 U_S；不能将直流稳压源输出端短路。

（3）按图 2.2.3 所示电路图接线，经指导教师检查无误后，可以开始进行实验操作测量。

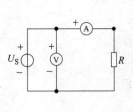 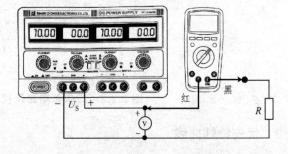

（a）测量电路图　　　　　　　　　　（b）仪器仪表接线电路图

图 2.2.3　线性电阻伏安特性测量电路

（4）打开直流稳压源开关，根据表 2.2.1 中给出的直流稳压输出电压 U_S 值，由小到大缓慢调节稳压源输出电压旋钮，一一测量电压 U_S、电流 I 数据，并记录于表 2.2.1 中。

注意：用万用表测量电路电流时，必须先将电路电源关闭，再将电表串入待测电流回路；万用表串入回路时"红""黑"测试笔的连接与被测电流方向的关系，即电流从"红"测试笔流入，"黑"测试笔流出；万用表测量电流挡位选择，量程必须大于被测电流。

（5）数据测量完成后，测量数据经指导教师检查合格后，调节直流稳压电源输出电压为 0 V，关闭电源，拆线。

表 2.2.1　线性电阻伏安特性测量表

测试项目 ＼ 测试条件	线性电阻 $R=$						
U_S	1 V	2 V	3 V	4 V	6 V	8 V	10 V
I							

2. 非线性元件伏安特性测量

1）二极管测量

根据图 2.2.2 的伏安特性曲线，用万用表测量二极管的开关特性，即当二极管加正向电压时呈低电阻特性，加反偏电压时呈高阻特性。测量电路如图 2.2.4 所示，并记住加正向电压所对应的管脚。

注意：测量二极管时，必须关闭被测电路的电源。

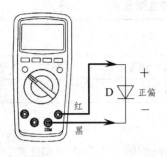
（a）正向偏置电压

（b）反向偏置电压

图 2.2.4　二极管脚正、反向电压极性的测量电路图

2）二极管加正向偏置电压的伏安特性测量

（1）打开直流稳压源的开关，调节输出电压为 $U_S = 0\ \text{V}$，然后关闭稳压源的电源，待用。

（2）按图 2.2.5 所示电路图接线，经指导教师检查无误后，可以开始进行实训操作测量。
注意：

① 万用表测量电流连接时，必须关闭电源进行操作。

② 注意测量电流挡位选择，量程必须大于被测电流。

③ 万用表为测量电流挡位时，千万不要用来测量电压。

提示：因万用表、台式数字多用表都有测量电压、电流的功能，可根据测量的量程，选择仪表的测量功能，即：可选用万用表测量电压，台式数字多用表测量电流。注意改变仪表测量功能的同时，改变其测量接线图。

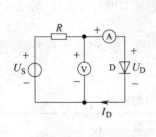
（a）实训电路图

（b）测量接线图

图 2.2.5　非线性元件 D 正向伏安特性测量电路

（3）打开直流稳压源开关，根据表 2.2.2 中给出的直流稳压输出电压 U_D 值，由小到大缓慢调节稳压源输出电压旋钮，一一测量电压 U_D、电流 I_D 数据，并记录于表 2.2.2 中。

注意：测量电流量程的单位。

（4）数据测量完成后，测量数据经指导教师检查后，调节直流稳压源输出为 0 V，关闭直流稳压电源。

表 2.2.2　非线性元件 D 正向特性测量表

测试条件 测试项目	$R = 200\ \Omega$，非线性元件 D								
U_D	0.1 V	0.3 V	0.4 V	0.5 V	0.6 V	0.65 V	0.7 V	0.75 V	0.8 V	0.85 V
I_D									

3）二极管加反向偏置电压的伏安特性测量

（1）按图 2.2.6 所示电路图接线，即将图 2.2.5 中二极管的 2 个管脚对调连接。

注意：万用表、台式数字多用表的连接不变，只是重新选择仪表测量的量程，即电流为微安级电流。

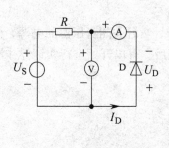

（a）实训电路图　　　　　　　　　　　（b）测量接线图

图 2.2.6　非线性元件 D 反向伏安特性测量电路

（2）打开直流稳压源开关，缓慢调节直流稳压源，测量二极管端电压 U_D 及对应的电流 I_D，并记录于表 2.2.3 中。

注意：二极管的反向端电压不能大于反向击穿电压。另，表 2.2.3 中负号说明图 2.2.6 中所设置的电压、电流方向与实际方向相反。

表 2.2.3　非线性元件 D 反向特性测量表

测试条件 测试项目	$R = 200\ \Omega$，非线性元件 D								
U_D	0 V	−1 V	−2 V	−3 V	−5 V	−7 V	−9 V	−12 V	−15 V	−18 V
I_D									

（3）数据测量完成后，测量数据经指导教师检查合格后，关闭直流稳压电源及电源，拆线。

4）实验结束后操作

将所用的实验仪器、仪表及器件整理放置好，将导线整理好。

2.2.6 实验报告

（1）根据测量数据，在坐标纸上画出光滑的伏安特性曲线，并说明其元件的电压与电流的特性。

（2）总结在测量电压与电流时，选择测量量程时应注意什么问题，测量量程是否选择越大越好，为什么？

（3）总结实验操作过程中，使用万用表、台式数字多用表和直流稳压源应注意什么问题？

（4）记录实验体会与收获。

2.3 电位的测量

2.3.1 实验目的

（1）加深对电路中参考点的作用及理解。

（2）掌握电位的基本概念及测量方法。

（3）掌握万用表、直流稳压电源使用方法。

2.3.2 实验原理

参考点：任选电路中某一点电势值（电位值）为零，则称该点为参考点，通常零电位（参考点）选择是设备的外壳或接地端。

如图 2.3.1 所示，图（a）中 d 点为参考点，即电位 $V_d = 0\text{ V}$；图（b）中 b 点为参考点，即电位 $V_b = 0\text{ V}$。

电位：电路中某点相对参考点的电势差称为电位。

如图 2.3.1 所示，图（a）中 V_a、V_b、V_c 是相对参考点 d 的电位；图（b）中 V_a、V_c、V_d 是相对参考点 b 的电位。

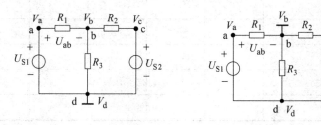

（a）设 V_d 为零电位　　　　　（b）设 V_b 为零电位

图 2.3.1　电位测量原理电路图

电压：任意两点间的电位差称为电压。

如图 2.3.1 所示，a、b 两点间的电位差（$V_a - V_b$）称为电压 U_{ab}，即电压 $U_{ab} = V_a - V_b$。可见，电位是相对参考点之间的电势差，当参考点发生变化时，电路中各点的电位也随之发生变化。电压是两点电位之差，不随参考点的变化而变化。即这就是电位的"相对性"，电压的"绝对性"。通过本次项目的实施，可说明"电位"与"电压"概念上的不同之处。

2.3.3　预习内容

（1）预习万用表电压测量方法及注意事项。

（2）预习直流稳压电源双路输出电压的使用方法及操作注意事项。

（3）预习电位的基本概念和实验内容、操作步骤、测量图表等。

（4）撰写预习报告。

2.3.4　实验仪表和设备

实验仪表和设备包括：万用表、直流稳压源、电路实验箱。

2.3.5　实验内容及步骤

1. d 点为参考点

（1）将直流稳压源的两个电流调节旋钮顺时针调节到最大后，打开稳压源开关，分别缓慢地调节电压旋钮，使两个输出电压值如表 2.3.1 中参数所示，然后关闭稳压源的电源，待用。

表 2.3.1　电位测量表

测试项目 ＼ 测试条件		U_{S1}=12 V R_1=				U_{S2}=8 V R_2= R_3=		
参考点	表笔	V_a	V_b	V_c	V_d	U_{ab}	U_{bc}	U_{ac}
d	红表笔接							
	黑表笔接							
	测量值							
b	红表笔接							
	黑表笔接							
	测量值							

（2）用万用表测量电阻 R_1、R_2、R_3 的值，并记录于表 2.3.1 中。

（3）按图 2.3.2 所示电路图接线，经指导教师检查无误后，可以开始进行实训操作测量。

（4）万用表黑色测试表笔连接参考点 d，红色测试表笔分别连接 a、b、c 各点，测量电位 V_a、V_b、V_c、V_d，并将测量数据记录于表 2.3.1 中；再用万用表测量电压 U_{ab}、U_{bc}、U_{ac}，并将测量数据记录于表 2.3.1 中。

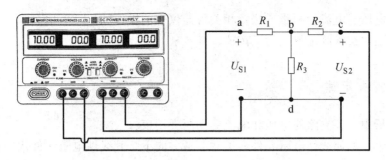

图 2.3.2　电位、电压的测量电路图

注意：

① 测量电位时，万用表黑表笔连接 d 点保持不变。

② 万用表测量电压量程必须大于被测电位、电压。

③ 千万不要将直流稳压源输出端短路。

2. b 点为参考点

（1）万用表黑表笔连接参考点 b，红色测试表笔分别连接 a、c、d 各点，测量电位 V_a、V_b、V_c、V_d，并将测量数据记录于表 2.3.1 中；再用万用表测量电压 U_{ab}、U_{bc}、U_{ac}，并将测量数据记录于表 2.3.1 中。

注意：

① 测量电位时，万用表黑表笔连接 b 点保持不变。

② 万用表测量电压量程必须大于被测电位、电压。

③ 千万不要将直流稳压源输出端短路。

（2）数据测量完成后，测量数据经指导教师检查合格后，调节直流稳压电源输出电压为 0 V，关闭直流稳压电源，拆线。

3. 实验结束后操作

将所用的实验仪器、仪表及器件整理放置好，将导线整理好。

2.3.6　实验报告

（1）根据测量数据，分析电位的相对性和电压的绝对性。

（2）分析电压 U_{ab}、U_{bc}、U_{ac} 之间的关系。

（3）总结实验操作步骤及注意事项。

（4）记录实验体会。

2.4　基尔霍夫定律的验证

2.4.1　实验目的

（1）加深对基尔霍夫定理的理解。

（2）掌握电压、电流的测量方法及相关仪器仪表的操作和注意事项。

（3）学会运用实验测量数据论证定律。

2.4.2　基尔霍夫定律

在电路分析中，各支路的电压和电流受到两类约束：

元件的约束：例如线性电阻元件在关联参考方向下，其线性电阻元件伏安特性的约束为欧姆定律 $u = Ri$。

电路的约束：对各支路电流之间的约束有基尔霍夫电流定律（KCL）；对各支路电压之间的约束有基尔霍夫电压定律（KVL）。

注意：基尔霍夫定理与元件的性质无关。

1. 基尔霍夫电流定律（KCL）

KCL：在集中电路中，任何时刻，对任一结点，所有流出结点的支路电流代数和恒等于零。即对电路中任一结点有

$$\sum i = 0$$

2. 基尔霍夫电压定律（KVL）

KVL：在集中电路中，任何时刻，沿着任一回路，所有支路电压的代数和恒等于零。即沿电路中任一回路有

$$\sum u = 0$$

3. KCL、KVL 的验证项目电路

图 2.4.1（a）（b）分别为线性电路和非线性电路，通过实训中电压、电流数据的测量，证明：

（1）所有流出结点的电流代数和恒等于零，或流入结点的电流等于流出该结点的电流。

（2）沿着任一回路的电压降代数和恒等于零，或电压降等于电压升。

（3）基尔霍夫定理关注的是电路中的电流、电压，与电路中的元件性质（线性元件或非线性元件）无关。

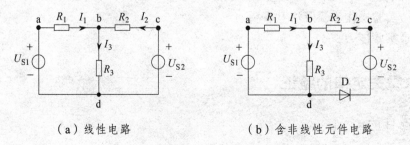

（a）线性电路　　　　　　　　　　（b）含非线性元件电路

图 2.4.1　基尔霍夫定理验证电路图

2.4.3　预习内容

（1）预习 KCL、KVL。

（2）预习万用表、直流稳压电源等实验仪器仪表和实验装置的使用方法及注意事项。

（3）预习实验内容、操作步骤、实验图表等。

（4）撰写实验预习报告，明确实验操作中应注意的事项。

2.4.4　实验仪表和设备

实验仪表和设备包括：万用表、直流稳压源、台式数字多用表、电路实验箱。

2.4.5　实验内容及步骤

1. 线性电路的 KCL、KVL 参数测量

（1）将直流稳压源的两个电流调节旋钮顺时针调节到最大后，打开稳压源开关，分别缓慢地调节电压旋钮，使两个输出电压值如表 2.4.1 的参数所示，然后关闭稳压源的电源，待用。

（2）用万用表测量电阻 R_1、R_2、R_3 的值（即可选择被测电阻参考值为 R_1=1 kΩ、R_2=510 Ω、R_3=1 kΩ），并记录于表 2.4.1 中。

表 2.4.1　线性电路的 KCL、KVL 数据测量表

测量项目	测试条件 表笔	U_{S1}=6 V R_1=			U_{S2}=12 V R_2=		R_3=	
		I_1	I_2	I_3	U_{ab}	U_{bd}	U_{cb}	U_{ca}
KCL	连接方式				—	—	—	—
	测量值				—	—	—	—
KVL	连接方式	—	—	—				
	测量值							

（3）按图 2.4.2 所示电路图接线，经指导教师检查无误后，打开稳压源开关，开始电量测试操作。

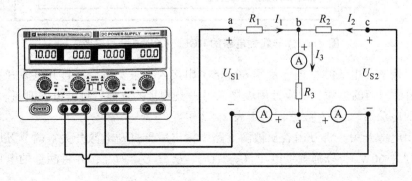

图 2.4.2　线性电路的 KCL、KVL 电量测量图

注释：图 2.4.2 中符号 Ⓐ 为测量支路电流时，万用表在被测电路中的连接方式。

（4）调节万用表为电流测量挡，选择量程为 60 mA，并将红、黑表笔串联于被测电流支路中（如图 2.4.2 所示），分别测量支路电流 I_1、I_2、I_3，并将测量的电流数据记录于表2.4.1 中。

注意：

① 万用表在切换测量支路电流时，先关闭稳压源的电源，待万用表接入另一支路后，再打开稳压源的电源。

② 万用表的电流挡位不能测量电压。

（5）关闭电源开关，将万用表从被测支路中拆出后再打开电源开关，调节万用表为电压测量挡（注意：千万不要用万用表的电流挡测量电压），选择量程为 60 V，并将红、黑表笔并联于被测电路或元件两端，分别测量电压 U_{ab}、U_{bc}、U_{cb}、U_{ca}，并将测量的电压数据记录于表 2.4.1 中。

注意：

① 被测电压变量的下标表示了被测电压的方向。

② 红表笔接被测电压"正极"，黑表笔接"负极"。

（6）测量完毕后，根据 KCL、KVL 验证测量数据是否正确，如果正确，关闭直流稳压源的电源（注意：不要调节直流稳压源的电压旋钮，保持输出电压值不变）。

2. 非线性电路的 KCL、KVL 参数测量

（1）将非线性元件二极管接入图 2.4.2 电路中，如图 2.4.3 所示，在电路中 d、e 之间接入二极管 D。

注意：不能将直流稳压源输出端短路。

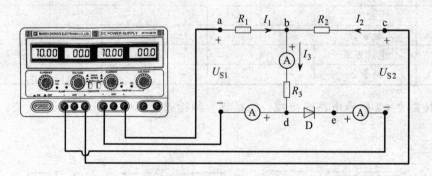

图 2.4.3　非线性电路的 KCL、KVL 电量测量图

（2）将万用表（电流测量挡、量程 60 mA）串接入一条支路后，打开电源开关，测量电流 I_1；再关闭稳压源的电源，切换万用表接入另一被测量的支路，打开电源测量，以此类推，最后将测量的电流 I_1、I_2、I_3 数据记录于表 2.4.2 中。

（3）关闭电源开关，将万用表从被测支路中拆出后再打开电源开关，调节万用表为电压测量挡（量程为 60 V），分别测量电压 U_{ab}、U_{bc}、U_{cb}、U_{ca}、U_{de}，并将测量的电压数据记录于表 2.4.2 中。

表 2.4.2 非线性电路的 KCL、KVL 数据测量表

测量项目	表笔	I_1	I_2	I_3	U_{ab}	U_{bd}	U_{cb}	U_{ca}	U_{de}
	测试条件 测试项目	U_{S1}=6 V					U_{S2}=12 V		
		R_1=			R_2=		R_3=		
KCL	连接方式				—	—	—	—	—
	测量值				—	—	—	—	—
KVL	连接方式	—	—	—					
	测量值	—	—	—					

（4）测量完毕后，根据 KCL、KVL 验证测量数据是否正确，如果正确，经指导教师检查合格后，调节旋直流稳压源输出值为零，关闭稳压源的电源，拆线。

（5）将所用的实验仪器、仪表及器件整理放置好，将导线整理好。

2.4.6 实验报告

（1）根据电流测量数据，验证 KCL，并说明 KCL 是否与元件特性有关。

（2）根据电压测量数据，验证 KVL，并说明 KVL 是否与元件特性有关。

（3）总结万用表在测量多条支路电流时，操作过程中的注意事项；电路中电压、电流的一般测量操作规律和注意事项。

（4）万用表在测量电压、电流时，是否都要求先关闭电源，待万用表与被测电路连接好后，再打开电源进行测量？是否电压、电流测量完毕后，都必须先关闭电源，再将万用表从被测电路中拆出？

（5）记录实验体会。

2.5 叠加原理的验证

2.5.1 实验目的

（1）掌握证明定理的实验方式、方法及操作过程。

（2）验证线性电路的叠加性和齐次性，加深对叠加原理的理解。

（3）正确连接实验电路，掌握万用表、直流稳压电源及实验装置的使用。

（4）学会运用实验测量数据论证定理。

2.5.2 实验原理

1. 叠加原理

线性电路中，任意电压或电流等于电路中各个独立电源分别单独作用时，在该处产生的电压或电流的叠加。

注意：

（1）叠加原理适用于线性电路，不适用于非线性电路。例如，图 2.5.1 电路中电流 I 可用叠加原理进行测量；而图 2.5.2 电路中电流 I 则不能用叠加原理进行测量。

图 2.5.1　线性电路　　　　　　　　　图 2.5.2　非线性电路

（2）在实验操作中，没有作用的电压源，用短路导线替代，如图 2.5.3 所示。千万不可直接将稳压源输出端口短路，否则会损坏设备。

（a）U_{S1} 电源单独作用　　　　　　　（b）U_{S2} 电源单独作用

图 2.5.3　图 2.5.1 电路的叠加图

（3）叠加电路图只改动原图中的电源连接方式，其他元器件及电路结构都不予变动，如图 2.5.3 所示。

2. 线性电路的叠加性与齐次性

叠加性：线性电路图 2.5.1 中有两个输入信号 U_{S1} 和 U_{S2}，当信号 U_{S2} 为零时，输入信号 U_{S1} 产生的输出电流为 I'，如图 2.5.3（a）所示；当信号 U_{S1} 为零时，输入信号 U_{S2} 产生的输出为 I''，如图 2.5.3（b）所示；当输入信号 U_{S1} 和 U_{S2} 共同作用时产生的输出 I 等于输入信号 U_{S1} 和 U_{S2} 分别单独作用时产生的输出叠加（$I'+I''$），这就是线性电路的叠加性。

齐次性：若输入信号 x 产生输出为 y，则当输入信号为 kx 时，其产生的输出为 ky，这就是线性电路的齐次性。

2.5.3　预习内容

（1）预习叠加原理的应用和线性电路的叠加性、齐次性。

（2）预习实验内容及操作步骤，计算图 2.5.3 所示电路中各电量，填入表 2.5.1 中，同时填写万用表测量电量时的连接方式、挡位、量程等内容。

（3）预习仪器、仪表的使用方法及注意事项。

（4）完成预习报告。

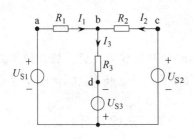
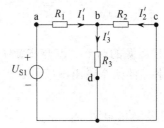

（a）实验电路　　　　　　　　　　（b）电源 U_{S1} 单独作用电路

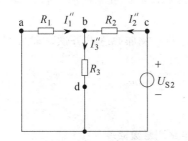
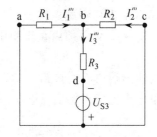

（c）电源 U_{S2} 单独作用电路　　　　（d）电源 U_{S3} 单独作用电路

图 2.5.3　实验电路及叠加图

表 2.5.1　叠加原理计算数据表

分析项目	电路参数	$U_{S1}=6\ V$ $R_1=510\ \Omega$	$U_{S2}=12\ V$ $R_2=1\ k\Omega$	$U_{S3}=15\ V$ $R_3=1\ k\Omega$			
U_{S1} 单独作用	变量	I_1'	I_2'	I_3'	U_{ab}'	U_{bd}'	U_{cb}'
	计算值						
U_{S2} 单独作用	变量	I_1''	I_2''	I_3''	U_{ab}''	U_{bd}''	U_{cb}''
	计算值						
U_{S3} 单独作用	变量	I_1'''	I_2'''	I_3'''	U_{ab}'''	U_{bd}'''	U_{cb}'''
	计算值						
U_{S1}、U_{S2}、U_{S3} 作用	变量	I_1	I_2	I_3	U_{ab}	U_{bd}	U_{cb}
	计算值						
万用表	操作	测量电流			测量电压		
	连接方式						
	挡位						
	量程						

2.5.4　实验仪表和设备

实验仪表和设备包括：万用表、直流稳压源、台式数字多用表、电路实验箱。

2.5.5 实验内容及步骤

（1）将直流稳压源的两个电流调节旋钮顺时针调节到最大后，打开稳压源开关，分别缓慢地调节电压旋钮，使两个输出电压值如表 2.5.2 所示 U_{S1}=6 V，U_{S2}=12 V 参数，然后关闭稳压源的电源，待用。

（2）用万用表测量电阻 R_1、R_2、R_3 的值（即可选择被测电阻参考值为 R_1=510 Ω、R_2=R_3=1 kΩ），并记录于表 2.5.2 中。

（3）按图 2.5.3（a）所示电路图接线，经指导教师检查无误后，打开稳压源开关，开始对表 2.5.2 中所示电量进行测试操作。

注释：电压 U_{S2}=12 V 必须由直流稳压源提供，叠加原理的齐次性验证时有需要。

注意：

① 电压源的输出端口不能短路。

② 注意测量电流挡位不能测量电压。

表 2.5.2　叠加电路测量数据表

电路参数／实验项目		U_{S1}=6 V R_1=	U_{S2}=12 V R_2=	U_{S3}=15 V R_3=			
U_{S1}、U_{S2}、U_{S3} 作用	变量	I_1	I_2	I_3	U_{ab}	U_{bd}	U_{cb}
	测量值						
U_{S1} 单独作用	变量	I_1'	I_2'	I_3'	U_{ab}'	U_{bd}'	U_{cb}'
	测量值						
U_{S2} 单独作用	变量	I_1''	I_2''	I_3''	U_{ab}''	U_{bd}''	U_{cb}''
	测量值						
U_{S3} 单独作用	变量	I_1'''	I_2'''	I_3'''	U_{ab}'''	U_{bd}'''	U_{cb}'''
	测量值						
改变电压源 U_{S2}		U_{S2}=24 V					
U_{S2} 单独作用	变量	I_1''	I_2''	I_3''	U_{ab}''	U_{bd}''	U_{cb}''
	测量值						

（4）按图所示电路，分别测量相关电压、电流参数，并将测量数据记录在表 2.5.2 中。

注意：测量仪器仪表的挡位和量程，电流挡位不能测量电压；变更电路图时，先关闭电源开关，在电路不带电条件下进行电路的变换；千万不要将电压源输出端短路。

（5）实验测量数据经指导教师检查合格后，关闭稳压电源和实验供电板开关，拆线。将所用的实验仪器、仪表及器件整理放置好，将导线整理好。

2.5.6 实验报告

（1）根据表 2.5.2 中实验数据，验证线性电路的叠加性和齐次性。

（2）根据测量数据，计算 R_1、R_2、R_3 消耗的功率，并证明功率不能用叠加原理计算。

（3）总结实验操作中的注意事项及实验体会。

2.6 戴维南定理的验证

2.6.1 实验目的

（1）加深对戴维南定理和 "等效" 概念的理解。

（2）正确使用万用表和直流稳压电源。

（3）掌握用实验方法证明定理的操作技能。

2.6.2 实验原理

1. 戴维南定理

戴维南定理的示意图如图 2.6.1 所示。即：

任何一个线性有源二端网络［如图 2.6.1（b）所示］，对外电路来说，可以用一个电压源 U_{OC} 和电阻的串联 R_0 组合置换［如图 2.6.1（c）所示］，此电压源的电压 U_{OC} 等于网络的开路电压 U_{OC}［如图 2.6.1（d）所示］，电阻 R_0 等于网络中全部独立电源为零后的等效电阻 R_0［如图 2.6.1（a）所示］。

2. 实验操作原理

设：N_S 为线性有源二端网络，则 N_S 的戴维南等效电路用实验方法测量图 2.6.1 中的开路电压 U_{OC} 和图 2.6.1（a）中的等效电阻 R_0 进行验证。其中，等效电阻 R_0 的测量方法有三种，即：

（1）用万用表的欧姆挡位，测量线性无源二端网络 N_0 的等效电阻 R_0。测量电路如图 2.6.2 所示。

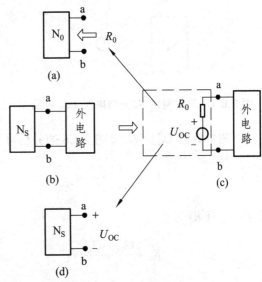

图 2.6.1 戴维南定理示意图

注意：

① "无源二端网络 N_0" 是将 "线性有源二端网络 N_S" 中所有的独立电源置零而得到的。实验中千万不可将独立电源输出端短路。

② 独立电压源 "置零" 概念：实验中用一根导线等效替代独立电压源。

③ 独立电流源 "置零" 概念：实验中直接用开路等效替代独立电流源。

（2）在有源二端网络 N_S 允许短路的条件下，测量网络 N_S 的短路电流 I_{SC}，如图 2.6.3 所示。

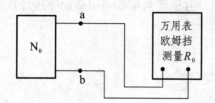
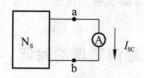

图 2.6.2　测量等效电阻 R_0 电路图　　　　　图 2.6.3　测量网络 N_S 的短路电流 I_{SC} 电路图

注意：

① 实验测量中决不能使用"短路线"直接将有源二端网络 N_S 中的独立电源设备短路。

② "有源二端网络 N_S"短路后，估算各独立电源端参数值，其数据的大小应小于设备提供的技术指标值。

根据图 2.6.4 所示电路，测量开路电压 U_{OC}。计算等效电阻 R_0：

$$R_0 = \frac{U_{OC}}{I_{SC}}$$

（3）对于线性有源两端网络 N_S，如果网络 N_S 不允许短路，可用外接已知电阻 R_L 元件间接测量等效电阻 R_0，测量原理电路如图 2.6.5 所示。

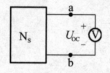
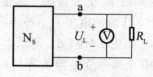

图 2.6.4　测量网络 N_S 开路电压 U_{OC} 电路图　　　图 2.6.5　间接测量等效电阻 R_0 电路图

由测量数据 U_{OC}、U_L 及图 2.6.6 的分析可知：

$$U_L = \frac{U_{OC}}{R_0 + R_L} \cdot R_L$$

则等效电阻 R_0 为

$$R_0 = \frac{U_{OC} - U_L}{U_L} \cdot R_L$$

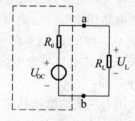

图 2.6.6　计算等效电阻 R_0 的
原理电路图

2.6.3　预习内容

（1）预习戴维南定理。

（2）预习实验内容、操作过程及注意事项。

（3）写出连接如图 2.6.7 所示各电路图的接线操作步骤，并分析被测数据的大小。

（4）预习仪器仪表的操作方法、测量注意事项。

（5）撰写预习报告。

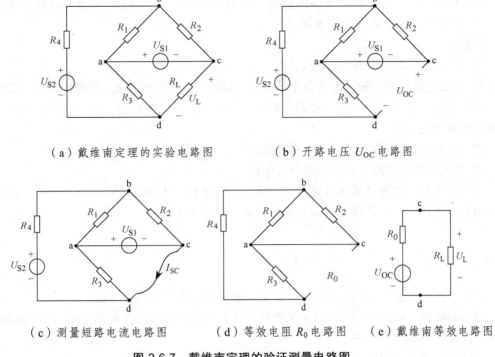

（a）戴维南定理的实验电路图　　　　（b）开路电压 U_{OC} 电路图

（c）测量短路电流电路图　　（d）等效电阻 R_0 电路图　　（e）戴维南等效电路图

图 2.6.7　戴维南定理的验证测量电路图

2.6.4　实验仪表和设备

实验仪表和设备包括：万用表、直流稳压源、台式数字多用表、电路实验箱。

2.6.5　实验内容及步骤

1. 戴维南定理的验证

（1）将直流稳压源的两个电流调节旋钮顺时针调节到最大后，打开稳压源开关，分别缓慢地调节电压旋钮，使两个输出电压值如表 2.6.1 所示的 U_{S1}=6 V、U_{S2}=18 V，然后关闭稳压源的电源，待用。

（2）用万用表测量电阻 R_1、R_2、R_3、R_4 和 R_L 值（选择被测电阻参考值为 $R_1 = 1\ \text{k}\Omega$，$R_2 = 1\ \text{k}\Omega$，$R_3 = 300\ \Omega$，$R_4 = 100\ \Omega$，$R_L = 510\ \Omega$），并记录于表 2.6.1 中。

表 2.6.1　验证戴维南定理的数据测量表

电路参数　　　实验项目	U_{S1}=6 V			U_{S2}=18 V	
	$R_1 =$	$R_2 =$	$R_3 =$	$R_4 =$	$R_L =$
电路图	图 2.6.7（a）	图 2.6.7（b）	图 2.6.7（c）	图 2.6.7（d）	图 2.6.7（e）
变量	U_L	U_{OC}	I_{SC}	R_0	U_L
测量值					

（3）按图 2.6.7（a）所示电路图接线，经指导教师检查无误后，打开稳压源开关，开始对表 2.6.1 中所示电量进行测试操作。

注意：

① 电压源的输出端口不能短路。

② 更改电路图或更换万用表测量挡位时，必须先关闭电源开关，再进行线路的改接和万用表的测量挡位、量程的更改，在确定更换后的电路连接无问题后，再打开稳压电源开关，继续实验数据的测量。

③ 万用表测量挡位不同，其是测量量程概念有所不同。

④ 万用表的电阻测量挡位不能测量电压。

（4）实验测量数据经指导教师检查合格后，关闭稳压电源和实验供电板开关，拆线。将所用的实验仪器、仪表及器件整理放置好，将导线整理好。

2.6.6　实验报告

（1）根据图 2.6.7（a）（e）的测量结果，说明戴维南定理的正确性。

（2）根据图 2.6.7（b）（c）的测量数据，计算等效电阻值，并与图 2.6.7（d）测量的 R_0 值进行比较，并说明其原理。

（3）画出图 2.6.7 各电路的测量仪表接线图。

（4）总结实验操作中的注意事项及实验体会。

2.7　示波器的使用

2.7.1　实验目的

（1）了解示波器的工作原理，掌握用示波器测量信号及电路参数的方式方法。

（2）掌握函数发生器的使用方法。

2.7.2　示波器的工作原理简述

示波器是一种通过显示屏以图形方式反映测量结果的电子测量仪器，它能够直接显示和观测被测信号，因此被广泛地应用于许多领域。

1.　示波器的分类

根据示波器的性能和结构的不同，可将示波器分为模拟、数字、混合和专用 4 类。

1）模拟示波器

（1）通用示波器：是采用单束示波管的示波器。

（2）多束示波器：是采用多束示波管的示波器。屏上显示的每个波形都由单独的电子束产生，它能同时观测、比较两个以上的波形。

（3）取样示波器：它根据取样原理将高频信号转换为低频信号，然后再进行显示。

2）数字存储示波器

数字存储示波器是具有记忆、存储被观察信号功能的示波器。它可以用来观测和比较单次过程和非周期现象、低频和慢信号以及在不同时间或不同地点观测到的信号。

3）混合信号示波器

混合信号示波器是一种把数字示波器对信号细节的分析能力和逻辑分析仪多通道定时测量能力组合在一起的测量仪器。

4）专用示波器

专用示波器又称为特殊示波器，主要指一些不属于前三类，但能满足特殊用途的示波器。

在电路实验教学中主要运用的是模拟式双通道示波器。因此，本书重点介绍模拟示波器的工作原理。

2. 模拟示波器的工作原理

模拟示波器是示波器中应用最广泛的一种。它通常泛指除取样示波器、专用示波器以外的采用单束示波管的各种示波器。

（1）模拟示波器的构成。模拟示波器主要由示波管、垂直通道和水平通道三部分组成，此外还包括多种电源电路和校准信号发生器等电路系统。模拟示波器的主要组成部分如图2.7.1 所示。

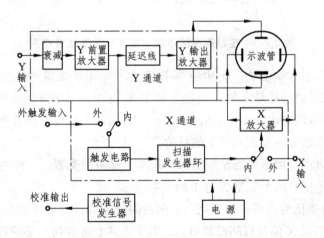

图 2.7.1　模拟示波器的主要组成图

（2）阴极射线示波管。电子示波器的"心脏"是阴极射线示波管（CRT）。示波管主要由电子枪、偏转系统和荧光屏三部分组成。它们都被密封在真空的玻璃壳内，基本结构如图 2.7.2 所示。电子枪产生的聚焦良好的高速电子束射在荧光屏上，使后者在相应部位产生荧光，而偏转系统能改变电子束射到荧光屏上的位置。可以形象地把电子枪比作画图的笔，把荧光屏比作画图的纸，而偏转系统相当于握笔的手。

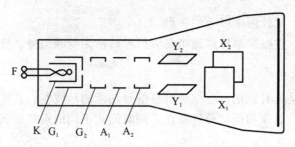

图 2.7.2　阴极射线示波管的基本结构图

在图 2.7.2 中，灯丝 F、阴极 K、栅极 G_1 和 G_2、阳极 A_1 和 A_2 组成阴极射线示波管的电子枪。其中：

灯丝 F：用于产生热量。

阴极 K：当灯丝 F 加热后，涂有氧化物的阴极 K 发射大量的电子。

控制栅极 G_1：起着调节电子密度进而调节光点亮度的作用，常被称为"辉度"调节旋钮；G_1 对 K 的负电位是可变的，G_1 的电位越负，射到荧光屏上的电子数越少，图形越暗。

第二栅极 G_2，阳极 A_1、A_2：它们与 G_1 组成聚焦系统，对电子束进行聚焦和加速，使得高速电子射到荧光屏上时恰好聚成很细的一束，如图 2.7.3 所示。

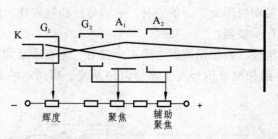

图 2.7.3　在聚焦系统作用下电子束的形状原理图

工作原理：K 发射大量电子，G_2 电位高于 G_1 电位，电子束运动趋势是聚拢；A_1 电位低于 G_2 电位，电子束运动趋势是发散；A_2 电位高于 A_1 电位，电子束运动趋势是聚拢。因此，调节 A_1 的电位，可以同时改变 G_2 与 A_1、A_1 与 A_2 之间的电位差，调节电子枪的聚焦系统，从而达到电子的焦点恰好落在荧光屏上的目的。

（3）图像显示原理。用示波器显示图像，基本上有两种类型：一种是显示随时间变化的信号；另一种是显示任意两个变量 X 与 Y 的关系。

① 显示随时间变化的图形。如果把一个随时间变化的被测电压信号，通过 Y 通道电路加到 Y 偏转板上，而在 X 偏转板间没加电压，则荧光屏上可看到一条垂直直线，这条直线是电子束在 Y 方向按信号变化的规律运动的轨迹，如图 2.7.4 所示。

如果在 X 偏转板上加一个随时间而呈线性变化的电压（锯齿电压），而在 Y 偏转板间没加电压，则在荧光屏上会反映一条与时间成正比变化的直线（称为时间基线），如图 2.7.5 所示。当锯齿电压达到最大值时，荧光屏上光点在水平方向亦达到最大偏转（右端），随着锯齿波电压迅速返回起始点，光点也迅速返回最左端，再重复前面的变化。光点在锯齿波作用下扫动的过程称为扫描，能实现扫描的锯齿波电压叫扫描电压，光点自左向右的连续扫动称为扫描正程，光点自荧光屏的右端迅速返回扫描起点（左端）称为扫描回程。

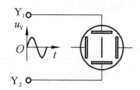
图 2.7.4 Y 偏转板加信号电压

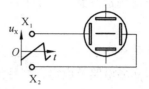
图 2.7.5 X 偏转板加锯齿电压

当 Y 偏转板被加上观测的信号，X 偏转板上加上扫描电压时，被测信号与扫描电压在荧光屏上合成的结果如图 2.7.6 所示。调节扫描电压的周期 T_X 是被观察信号周期 T_Y 的整数倍时，扫描的每一个周期所描绘的波形完全一样，荧光屏上则显示出清晰而稳定的波形，这叫信号与扫描电压同步。

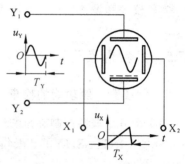

② 显示任意两个变量之间的关系。在示波管中，电子束同时受 X 和 Y 两对偏转板上的电压信号 u_X、u_Y 作用，由 u_X、u_Y 共同决定电子束的运动轨迹（即决定光点在显示屏上的位置）。利用这种特点，可以把示波器变为一个 X-Y 图示仪，使示波器的功能得到扩展。

图 2.7.6 信号波形在时间轴上展开

例如，图 2.7.7 所示的李沙育图形，如果两个电压信号为 $u_X = u_Y$，则在显示屏上显示为一条与横轴呈 45° 角的直线，如图 2.4.7（a）所示。

如果两个电压信号为 $u_X(t) = U_m \sin \omega t$，$u_Y(t) = U_m \sin(\omega t + 90°)$，则在显示屏上显示为一个圆，如图 2.7.7（b）所示。

如果两个电压信号为 $u_X(t) = U_{mX} \sin \omega t$，$u_Y(t) = U_{mY} \sin(\omega t + 90°)$，则在显示屏上显示为一个椭圆，如图 2.7.7（c）所示。

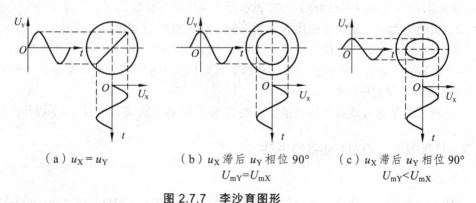

（a）$u_X = u_Y$ 　　（b）u_X 滞后 u_Y 相位 90° $U_{mY} = U_{mX}$ 　　（c）u_X 滞后 u_Y 相位 90° $U_{mY} < U_{mX}$

图 2.7.7 李沙育图形

2.7.3 预习内容

（1）预习示波器的工作原理及技术指标和基本功能。

（2）掌握示波器各旋钮的测量功能、调节方式及测量数据的读取方法。

（3）预习函数发生器的基本性能指标和功能，掌握函数发生器的使用方法。

（4）了解使用示波器对交流电压、频率等的操作过程及测量方法，并写出下面各测量值的计算公式：

有效电压值 = _____，　　　频率 = _____。

（5）预习实验电路及内容，撰写预习报告。

2.7.4　实验仪表和设备

实验仪表和设备包括：万用表、双踪示波器、函数发生器、电路实验箱。

2.7.5　实验内容及步骤

1.　示波器一般功能的检查

（1）调节示波器控制旋钮的位置：

"亮度（INTENSITY）""聚集（FOCUS）""垂直移位（VERTICAL POSITION）"控制旋钮为居中位置；

"垂直方式（MODE）""触发源（TRIGGER SOURCE）"按钮选择为 CH1 位置；

"电压衰减（VOLTS/DIV）"控制旋钮为 0.1 V（X）；

"输入耦合方式（AC-GND-DC）"按钮选择为 DC 位置；

"扫描方式（SWEEP MODE）"按钮选择为自动（AUTO）位置；

"扫描速率（SEC/DIV）"控制旋钮为 0.5 ms 位置；

"微调（VARIABLE）"控制旋钮为顺时针旋足位置；

"触发耦合方式（COUPLING）"按钮选择为 AC 常态位置。

（2）接通电源，分别调节亮度和聚集旋钮，使光迹的亮度适中、清晰。

（3）用测量电缆线将本机校准信号（PROBE ADJUST）输入 CH1 通道插座。

（4）调节电平旋钮使波形稳定，分别调节垂直移位和水平移位，校准信号波形（参考 6.9 节"双通道示波器使用说明"）。

（5）再用测量电缆线将本机校准信号换接至 CH2 通道插座，重复（4）操作。

2.　信号幅值、周期和频率的测量

1）函数发生器

函数发生器在接通电源时，波形默认配置为一个频率为 1 kHz，幅度为 100 mV 峰-峰值的正弦波。例如将频率改为 2.5 MHz，具体步骤如下：

（1）信号的频率调节：调节"频率"分两步完成，第一步输入频率大小，第二步输入频率的单位。

操作：依次按"Menu、波形、参数、频率"，然后按参数软键，通过数字键盘输入所需频率数字，再按对应于所需单位的软键，选择所需单位。屏显如图 2.7.8（a）所示。

 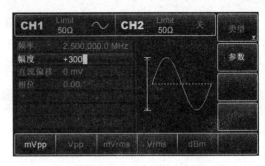

（a）频率调节　　　　　　　　　　　　（b）幅度设置

图 2.7.8　信号频率及幅度屏显图

② 信号的幅度设置：设置"幅度"分两步完成，第一步输入幅度大小，第二步输入幅度的单位。

操作：依次按"Menu、波形、参数、幅度"，然后使用数字键盘输入所需幅度数字，再次按幅度软键可进行单位的快速切换。屏显如图 2.7.8（b）所示。

注意：多功能旋钮和方向键的配合也可进行此参数设置；如果按参数软键后没有在屏幕下方弹出单位标签，则需要再次按参数软键进行下一屏子标签显示。

2）观测波形

根据仪器设备的使用说明，按图 2.7.9 接线。用示波器观察函数发生器发出的正弦波，完成表 2.7.1 中示波器显示屏图形的调试及操作，并将操作结果记录于表 2.7.1 中。

图 2.7.9　示波器观测函数发生器的输出波形

表 2.7.1　示波器显示图形调节表

示波器显示屏图形	产生问题的原因	调整过程
图形不清晰		
图形为一条水平直线		
图形不稳定		

（3）根据表 2.7.2 中的函数发生器输出正弦信号的频率数据，用示波器测量其峰-峰电压值和周期值，并将测量数据记录在表 2.7.2 中。

注意：函数发生器输出的 3 种频率所对应的电压有效值，应调节成不同的电压输出值。

表 2.7.2　示波器测量函数发生器输出信号表

函数发生器输出值		示波器测量数据	
电压有效值	频　率	峰-峰电压	周　期
	0.5 kHz		
	1 kHz		
	1.5 kHz		

（4）实验测量数据经指导教师检查合格后，关闭仪器电源，拆线。将实验仪器、仪表整理放置好，将导线整理好。

2.7.6　实验报告

（1）说明示波器测试操作步骤、信号测量调试过程及注意事项。

（2）说明函数发生器输出信号的操作步骤、调节过程及使用方法。

（3）总结分析表 2.7.2 所示的问题，说明应如何调试、操作示波器才能得到较为理想的显示信号。

（4）记录实验体会。

2.8　一阶电路的时域响应的设计性实验

2.8.1　实验目的

（1）掌握用示波器观测一阶 *RC*、*RL* 电路的响应。

（2）掌握用实验测量数据写出一阶电路的时域响应表达式的方法。

（3）进一步了解储能元件的特性。

（4）掌握用示波器测定时间常数。

（5）掌握函数发生器的使用方法。

2.8.2　实验原理

1. 矩形脉冲信号的响应

矩形脉冲信号在电子技术领域（特别是数字电子技术领域）中应用很广。本实验利用矩形脉冲信号的阶跃变化特性，模拟一阶电路中的信号电源和开关功能，在电路中发生零输入响应、零状态响应和全响应。利用示波器可直接观测到储能元件的动态过程，并测量相应的参数值。

例如，RC 一阶时域电路如图 2.8.1 所示，当矩形脉冲信号 u_S 加在电压 u_C 初始值为零的 RC 电路上时，用示波器可观测到电容元件 C 上连续充、放电的 u_C 动态过程。通过调节输入矩形脉冲信号 u_S 的脉冲宽度 t_p〔见图 2.8.2（a）〕，可分别观测到电路 u_C 的零输入响应、零状态响应和全响应〔见图 2.8.2（b）〕。

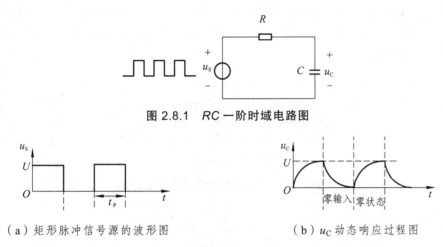

图 2.8.1　RC 一阶时域电路图

（a）矩形脉冲信号源的波形图　　　　　　（b）u_C 动态响应过程图

图 2.8.2　矩形脉冲信号 u_S 激励下的 u_C 响应

零输入响应：当输入信号 u_S 为零时，由电容上的电压〔初始状态值 $u_C(0_+)$〕在电路中所产生的响应。

零状态响应：当电容上的电压〔初始状态值 $u_C(0_+)$〕为零时，由信号电源在电路中所产生的响应。

全响应：零输入响应与零状态响应的代数和。

一阶电路实验中，在实验元件 R、C 参数不变的条件下，若想清晰地通过示波器观测到这三种响应，可通过调节矩形脉冲信号源的脉冲宽度 t_p 来实现。当 $t_p \geq 5\tau$（τ 是电路的时间常数）时，可观测到零状态响应与零输入响应的交替过程的波形，如图 2.8.2（b）所示；当 $t_p < 5\tau$ 时，观测到的波形为全响应。

2. 时间常数 τ 的测量

时间常数的测量有多种方法，这里主要介绍一种用示波器测量时间常数 τ 的方法。测量原理可通过零输入响应或零状态响应的方程式推导出来。

电路图 2.8.1 的零输入响应为

$$u_C(t) = U e^{-\frac{t}{\tau}} \qquad (t_1 \leqslant t \leqslant t_2)$$

当 $t = \tau$ 时

$$u_C(\tau) = 0.368U$$

零状态响应为

$$u_C(t) = (1 - e^{-\frac{t}{\tau}})U \qquad (t_2 \leqslant t \leqslant t_3)$$

当 $t = \tau$ 时

$$u_C(\tau) = 0.632U$$

也就是说，用双踪示波器的两个通道同时观测输入信号 u_S 和输出信号 u_C，调节示波器，使观测波形重叠成图 2.8.3 所示的图形。波形 u_C 上的 $0.368U$（或 $0.632U$）点所对应的时间，就是要测量的时间常数 τ。

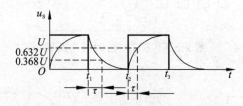

图 2.8.3　时间常数测量原理波形图

2.8.3　预习内容

（1）了解各项实验内容及电路原理，明确实验目的。

（2）根据实验要求，拟制出观测 RC 电路的仪器测量接线图。

（3）根据实验要求，拟制出观测 RL 电路的仪器测量接线图，如图 2.8.4 所示；写出测量 RL 电路时间常数 τ 的测量原理及方式方法。定性地分析并画出矩形脉冲信号下 RL 电路的 u_R 响应波形图。

（4）掌握示波器测试的方式方法。

（5）掌握函数发生器输出信号的频率、幅值的调节方法。

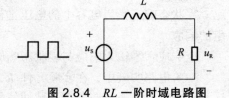

图 2.8.4　RL 一阶时域电路图

2.8.4　实验仪表和设备

实验仪表和设备包括：万用表、双踪示波器、函数发生器、电路实验箱。

2.8.5　实验内容及步骤

1. RC 电路的测试

（1）调试好测试仪器，待用。

注意：在观察波形之前先将示波器两条基线重合，并调至屏幕中的适当位置。

（2）选定 R、C 参数，按预习时拟制的测试实验接线图接线。

（3）观测电路的零输入响应、零状态响应和全响应波形图，用示波器测量电路的时间常数 τ。如果改变电路参数，示波器观测到的时间常数 τ 如何变化？电路的过渡过程响应的时间向着什么趋势变化？

2. *RL* 电路的测试

RL 电路的测试过程及要求和 *RC* 电路的相同，即观测波形和测量时间常数 τ。

2.8.6　实验报告

（1）将时间常数 τ 的测量值与计算值进行比较，并作误差分析。

（2）在坐标纸上绘出电路各种响应的观测波形图。

（3）分别分析 *RC*、*RL* 电路中时间常数 τ 与电路参数间的关系；时间常数 τ 的大小与电路的过渡过程响应时间的关系。

（4）记录实验体会。

第 3 章　模拟电子技术实验与实训

3.1　基本的单相桥式整流、滤波、稳压电路

3.1.1　实验目的

（1）掌握测量电解电容器极性的方法。
（2）掌握基本的单相桥式整流、滤波、稳压电路的工作原理。
（3）掌握示波器观测电路的输出波形及调试过程。
（4）了解电路各元件参数对电路输出波形图的影响。

3.1.2　实验原理

任何电子设备都需要用直流电源供电，直流稳压电源是将交流电压转换成稳定的直流电压的电子设备，它的种类很多，一般的直流电源电路组成如图 3.1.1 所示。

图 3.1.1　基本的单相桥式整流、滤波、稳压电路框图

1. 信号源电路

信号源电路的主要功能是利用变压器的变压工作原理，将电网的交流电压降压变换成所需的小信号交流电压 u_S，即为整流电路提供合适的正弦交流电压信号 u_S。如图 3.1.2（a）所示。实验中用函数发生器生成正弦交流电压信号 u_S。

2. 整流电路

整流电路如图 3.1.3（a）所示，其电路是利用二极管的单相导电性，将信号源电路所提供的交流电压变换成单相脉动输出电压 u_D，如图 3.1.2（b）所示。整流电路电压电流的平均值计算式如下

（1）负载上的平均电压值为

$$U_L \approx 0.9U_S$$

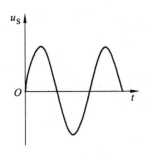

（a）信号源输出波形

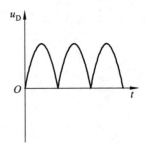
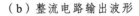

（b）整流电路输出波形

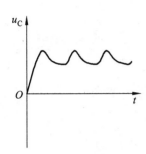

（c）滤波电路输出波形

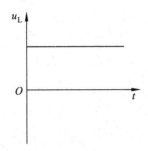

（d）稳压电路输出波形

图 3.1.2　单相桥式整流、滤波、稳压电路波形分析图

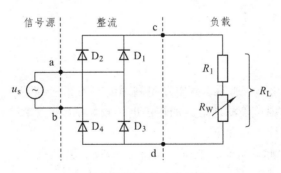

（a）单相桥式整流电路图

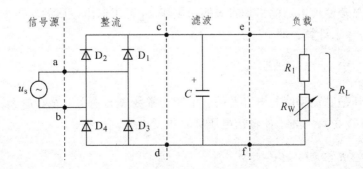

（b）单相桥式整流、滤波电路图

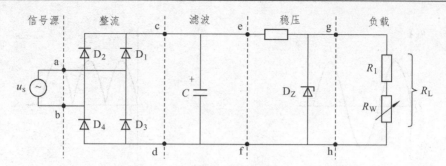

（c）基本的单相桥式整流、滤波、稳压电路图

图 3.1.3　实验电路图

（2）每个二极管截止时所承受的最高反向电压就是电源电压的最大值为

$$U_{DRM} = \sqrt{2}U_S$$

一般，为了保证整流二极管不被击穿，整流二极管的最大反向峰值电压取 $2\sqrt{2}U_S$。

（3）每个二极管中流过的平均电流为

$$I_D = \frac{I_L}{2} = 0.45\frac{U_S}{R_L}$$

（4）桥式整流电路输出电压 u_D 的脉动频率 f_0 为交流电源频率 $f(=50\ \text{Hz})$ 的 2 倍，也等于交流电源周期 T 倒数的 2 倍，如图 3.1.2（b）所示，即

$$f_0 = 2f = \frac{2}{T}$$

3. 滤波电路

滤波电路如图 3.1.3（b）所示，其电路是利用电容 C 的存储特性，将整流电路输出的脉动电压中的交流成分滤掉，使滤波电路的输出电压较为平滑，如图 3.1.2（c）所示。电容滤波电路的特点及平均值计算式如下：

（1）输出的电压 u_L 脉动减小，电压平均值 U_L 提高，其估算式为

$$U_L = (1.1 \sim 1.2)U_S$$

在实验中，整流滤波电路的平均直流输出电压 U_L 可用输出电压的峰值 U_P 减去脉动电压峰-峰值 U_{P-P} 的一半来计算，即

$$U_L = \frac{U_P - U_{P-P}}{2}$$

（2）输出电压的脉动程度与电容器的放电时间常数 $R_L C$ 有关。$R_L C$ 越大，脉动就越小，负载电压平均值 U_L 越高。为了使输出电压脉动程度小些，一般要求

$$R_L C \geqslant (3 \sim 5)\frac{T}{2}$$

式中，T 是交流电源电压的周期。

（3）二极管导通时间缩短，导通角小于180°；滤波电容 C 开始充电时，流过二极管的电流幅值增加而形成较大的冲击电流。为了避免瞬间充电电流过大而烧坏管子，滤波电容不能无限制加大。

（4）由于在一周期内电容器 C 的充电电荷等于放电电荷，即通过电容器 C 的电流平均值为零，可见在二极管导通期间其电流平均值近似等于负载电流的平均值。为了使二极管不因冲击电流而损坏，在选用二极管时，一般取额定正向平均电流为实际流进的平均电流的 2 倍左右。

（5）输出电压平均值 U_L 受负载 R_L 的影响较大。此电路带载能力较差，通常用于输出电压较高、负载电流较小且变化较小的场合。

4. 稳压电路

稳压电路可自动调整稳定输出直流电压［简单的稳压电路如图 3.1.3（c）所示］，使输出电压或负载电流发生变化时保持稳定。其输出波形如图 3.1.2（d）所示。

稳压电路种类很多，由简单到复杂，其技术指标和电子电路差别很大。一般当负载要求功率较大、效率高时，常采用开关式稳压电源。

3.1.3　预习内容

（1）预习实验内容，明确实验目的，掌握图 3.1.3 各电子电路的波形测量方法。
（2）预习单相桥式整流、滤波、稳压电路的工作原理。
（3）预习滤波电容 C 大小的变化对输出脉动电压 u_D 的影响。
（4）预习负载电阻 R_L 大小的变化对输出脉动电压 u_D 的影响。
（5）预习实验过程中所用到的仪器设备的使用方法及注意事项。
（6）撰写实验预习报告。

3.1.4　实验仪器、仪表和装置

实验仪器、仪表和装置包括：万用表、函数发生器、双踪示波器、晶体管毫伏表、直流稳压电源、电子实验箱。

3.1.5　实验内容及步骤

1. 信号源参数的测量

（1）打开函数发生器电源，调节输出正弦交流波的频率、幅值，并用万用表测量函数发生器输出的电压有效值 U_S，并将 U_S 记录于表 3.1.1 中。
（2）打开示波器电源开关，并与函数发生器连接，用示波器测量函数发生器输出周期、最大值和波形图，并记录于表 3.1.1 中。

表 3.1.1　信号源输出参数表

万用表测量值	示　波　器　测　量　值		
有效值 U_S	信号源 u_S 的周期	信号源 u_S 的最大值	信号源 u_S 的波形图

2. 单相桥式整流电路测量

（1）用万用表测量负载电阻 R_L、R_{L1}、R_{L2} 的值，并记录于表 3.1.2 中。

注意：电阻 $R_{L1} < R_L$，$R_{L2} > R_L$。

（2）按图 3.1.3（a）接线（负载为 R_L），用示波器观测 c、d 两点间桥式整流电路的周期、电压最大值、脉动电压最小值及输出波形图，并记录有关的参数于表 3.1.2 中。

（3）改变负载电阻 R_L 值的大小，同时，用示波器观测负载 R_{L1}、R_{L2} 上 e、f 点波形的变化，并记录于表 3.1.2 中。

表 3.1.2　单相桥式整流的测量参数表

测试条件 测试项目	$U_S =$					
	$R_L =$	$R_{L1} =$		$R_{L2} =$		
单相桥式整流	周期	最大值	最小值	波形图		
				R_{L1}	R_L	R_{L2}
测量 u_{ef}						

3. 单相桥式整流、滤波电路的测量

（1）用万用表测量电解电容器极性及电容 C_1、C、C_2 的大小，并记录于表 3.1.3 中。

注意：电容 $C_1 < C$，$C_2 > C$。

（2）在图 3.1.3（a）电路中的 c、d 两点间并联电容 C，连接成如图 3.1.3（b）所示的单相桥式整流、滤波电路。

（3）用示波器测量负载为 R_L、电容为 C_1、C、C_2 时，表 3.1.3 中 e、f 两点间的数据及波形，并记录于表 3.1.3 中。

表 3.1.3　单相桥式整流、滤波电路的测量参数表

测试条件 测试项目	$U_S =$	$R_L =$		
	$C_1 =$	$C =$	$C_2 =$	
桥式整流 滤波电路	周期	电压最大值	电压最小值	波形图
参数 C 测量 u_{ef}				
参数 C_1 测量 u_{ef}				
参数 C_2 测量 u_{ef}				

4．单相桥式整流、滤波、稳压电路的测量

（1）用万用表测量电阻 R 的值，并记录于表 3.1.4 中。

（2）在图 3.1.3（b）电路中的 e、f 两点间连接稳压电路，如图 3.1.3（c）所示。

（3）用示波器测量表 3.1.4 中所示输出电压 u_{ab}、u_{ef}、u_{gh} 的参数和 g、h 两点间纹波的变化情况，并记录于表 3.1.4 中。

表 3.1.4　单相桥式整流、滤波、稳压电路的测量参数表

测试条件　　测试项目	$U_S=$			
	$R=$	$R_L=$	$C=$	
整流、滤波稳压电路	周期	电压最大值	电压最小值	波形图
测量 u_{ab}				
测量 u_{ef}				
测量 u_{gh}				纹波的变化

5．测量结束后操作

数据测量完成，测量数据经指导教师检查合格后，关闭电源，拆线。将所用的实验仪器、仪表及器件整理放置好，导线整理好。

3.1.6　实验报告

（1）画出实验电路图，同时在图中画出测量仪器、仪表的测试连接方式。

（2）用坐标纸画出实验测量中各波形图，并根据表 3.1.2、表 3.1.3、表 3.1.4 中测量数据，分析电路负载参数、电容对输出波形的影响。

（3）根据实验测得的参数，完成表 3.1.5 中的各项内容。

（4）记录实验体会。

表 3.1.5　桥式整流、滤波电路参数表

测量项目		单相桥式整流		单相桥式整流、滤波	
		计算式	计算值	计算式	计算值
负载上的平均电压值					
每个管子承受的最大反向电压/V					
选择的参数	每个管子的平均电流/mA				
	每个管子承受的最大反向电压/V				
信号源输出有效电压值					

3.2　晶体管特性曲线的测量

3.2.1　实验目的

（1）掌握晶体管特性曲线测试方法。
（2）提高实验数据的分析能力。

3.2.2　实验原理

晶体管特性曲线是指晶体管各电极之间电压和电流的关系曲线。它直观地表达了管子内部的物理变化规律，描述了管子的外特性。下面分输入特性和输出特性简述（以 NPN 型晶体管为例）。

1. 输入特性曲线

输入特性曲线是指当集-射极电压 U_{CE} 为常数时，基极电流 I_B 与发射结电压 U_{BE} 之间的关系曲线族，即

$$I_B = f(U_{BE})\big|_{U_{CE}=常数}$$

输入特性曲线如图 3.2.1（a）所示。取不同的 U_{CE} 电压值，得到不同的输入特性曲线；当 $U_{CE} \geq 1\,V$ 时，输入特性曲线基本上是重合的。

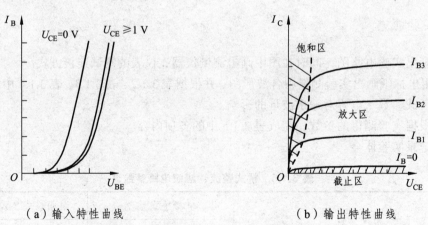

（a）输入特性曲线　　　　　　　（b）输出特性曲线

图 3.2.1　晶体管共发射极特性曲线

硅管的死区电压约为 0.5 V，锗管约为 0.2 V，在正常工作时，NPN 型硅管的发射结电压 U_{BE} 为 0.6 ~ 0.7 V；PNP 型锗管 U_{BE} 为 –0.2 ~ –0.3 V。

2. 输出特性曲线

输出特性曲线是指当基极电流 I_B 为常数时，集电极电流 I_C 与集-射极电压 U_{CE} 之间的关系曲线族，即

$$I_C = f(U_{CE})\big|_{I_B=\text{常数}}$$

如图 3.2.1（b）所示。它是以 I_B 为参变量的一组特性曲线。其输出特性曲线可分为三个工作区：

1）饱和区

图 3.2.1（b）中所示的非线性区（即 $0\text{ V}<U_{CE}<1\text{ V}$ 区域）为饱和区。其集电极电流 I_C 受电压 U_{CE} 控制，由于在该区域内 U_{CE} 较小，则晶体管管脚 C、E 之间可等效为短路，即 $U_{CE} \approx 0\text{ V}$，晶体管失去放大作用。其特点为：

（1）电压条件：发射结、集电结均为正偏。

（2）临界饱和点：基极临界饱和电流 I_{BS} 与集电极临界饱和电流 I_{CS} 的关系为

$$I_{BS} = \frac{I_{CS}}{\beta}$$

集-射极临界饱和电压为

$$U_{CES} \approx 0.3\text{ V} \ \text{或} \ U_{CES} \approx 0\text{ V}$$

即晶体管处于饱和状态时，集电极与发射极间的电压 U_{CES} 很小，晶体管的集电极 C 与发射极 E 间可等效为"短路"。

（3）电流关系：集电极电流 I_C 基本上不受基极电流 I_B 控制，即

$$I_C \neq \beta I_B$$

$$I_B > I_{BS}$$

2）放大区

图 3.2.1（b）中集电极电流 I_C 平行于电压 U_{CE} 轴的区域为线性放大区。其特点为：

（1）电压条件：发射结正偏，集电结反偏。

（2）电流关系：集电极电流 I_C 与基极电流 I_B 成正比关系，即

$$I_C = \beta I_B$$

并且基极电流 I_B 小于临界饱和电流 I_{BS}，即

$$0 < I_B < I_{BS}$$

3）截止区

图 3.2.1（b）中 $I_B = 0$ 及曲线以下的区域，称为截止区。截止区是一个非线性区，其特点为：

（1）电压条件：基-射极电压 $U_{BE} \leqslant 0$，发射结、集电结均为反偏。

（2）电流关系：基极电流 I_B 和集电极电流 I_C 均约为零，即

$$I_B \approx 0$$

$$I_C \approx 0$$

晶体管的集电极 C 与发射极 E 间可等效为"开路"；失去了电流放大作用，即

$$I_C \neq \beta I_B$$

3.2.3　预习内容

（1）预习晶体管的结构及工作原理。

（2）预习实验内容、电路、操作步骤、测量数据记录表和晶体管状态的估测。

（3）预习实验仪器、仪表及操作注意事项。

（4）撰写实验预习报告。

3.2.4　实验仪器、仪表和装置

实验仪器、仪表和装置包括：万用表、函数发生器、双踪示波器、晶体管毫伏表、直流稳压电源、电子实验箱。

3.2.5　实验内容及步骤

1. 输入特性曲线 $I_B = f(U_{BE})\big|_{U_{CE}=1V}$

（1）用万用表测量电阻 R_B 的值和可调电位器 R_{BW}、R_{CW} 的最大阻值，并记录于表 3.2.1 中。同时，将可调电位器 R_{BW}、R_{CW} 调节为中间位置，待用。

注意：

① 切勿带电测量电阻值。

② 电阻 R_B 参考值为 10 kΩ，可调电位器 R_{BW}、R_{CW} 的最大参考阻值为 330 kΩ。

（2）将直流稳压源的两个电流调节旋钮顺时针调节到最大；打开电源开关，调节稳压源输出电压旋钮，并用万用表测得直流稳压输出电压为 $E_B = 3$ V、$E_C = 12$ V，然后关闭稳压源的电源，待用。

注意：

① 千万不要用万用表的电流挡、欧姆挡测量直流稳压输出电压。

② 不能将直流稳压源输出端短路。

（3）按图 3.2.2 所示电路图接线，经指导教师检查无误后，可以开始进行实验操作测量。

注意：测量仪表的挡位选择和量程。

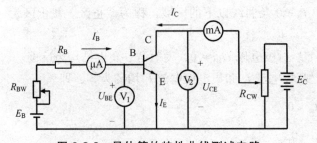

图 3.2.2　晶体管的特性曲线测试电路

（4）打开直流稳压源开关，缓慢调节可调电位器 R_{CW}，并用万用表测量集-射极电压 U_{CE}，使电压 $U_{CE} = 1\text{ V}$。

（5）缓慢调节可调电位器 R_{BW}，并用电表测量电流 I_B，其电流 I_B 值如表 3.2.1 所示；同步测量集极电流 I_C 和基-射极电压 U_{BE}，并记录于表 3.2.1 中。

表 3.2.1　晶体管输入特性曲线测量数据表

测试条件 测试项目	$E_B = 3\text{ V}$ $E_C = 12\text{ V}$ $U_{CE} = 1\text{ V}$					
	$R_B =$	$R_C =$	$R_{BW} =$		$R_{CW} =$	
测量变量	测量次数					
	1	2	3	4	5	6
I_B/mA	0.01	0.02	0.03	0.04	0.05	0.06
I_C/mA						
U_{BE}/V						

2. 输出特性曲线 $I_C = f(U_{CE})\big|_{I_B = 常数}$

（1）缓慢调节可调电位器 R_{BW}，并用仪表测量基极电流 $I_B = 0.075\text{ mA}$；然后缓慢调节可调电位器 R_{CW}，使集-射极电压 U_{CE} 值如表 3.2.2 所示数据，即 U_{CE} 为 $0.3 \sim 10\text{ V}$；同时，同步测量相对应的集电极电流 I_C，并记录于表 3.2.2 中。

表 3.2.2　晶体管输出特性曲线测量数据表

测试条件 测试项目	$E_B = 3\text{ V}$ $E_C = 12\text{ V}$							
	$R_B =$	$R_C =$		$R_{BW} =$		$R_{CW} =$		
测量变量 /mA	U_{CE}/V							
	0.3	0.6	0.9	1	1.5	2	5	10
I_C	$I_B = 0.075$							
	$I_B = 0.06$							
	$I_B = 0.045$							
	$I_B = 0.03$							
	$I_B = 0.01$							

（2）重复步骤（1）的操作，测量表 3.2.2 中不同的基极电流 I_B 所对应的随电压 U_{CE} 而变化的电流 I_C，并将数据记录于表 3.2.2 中。

3. 测量结束后操作

数据测量完成，测量数据经指导教师检查合格后，关闭电源，拆线。将所用的实验仪器、仪表及器件整理放置好，导线整理好。

3.1.6　实验报告

（1）根据测量数据，在坐标纸上画出晶体管输入 $i_B = f(u_{BE})\big|_{U_{CE}=常数}$、输出 $i_C = f(u_{CE})\big|_{I_B=常数}$ 特性曲线，并在曲线中划分出饱和区、放大区和截止区。

（2）撰写实验操作步骤及仪器、仪表测试注意事项。

（3）记录实验体会。

3.3　单管电压放大电路

3.3.1　实验目的

（1）掌握测量晶体管的管型、管脚和电解电容器极性的方法。

（2）掌握放大电路中各元件的功能及静态工作点的测试和调试方法。

（3）了解静态工作点变化对单管电压放大电路性能的影响。

（4）掌握单管电压放大电路主要性能指标的测试方法。

3.3.2　实验原理

如图 3.3.1 所示放大电路是共发射极放大电路，又称单管电压放大电路。其 u_i 为输入交流信号源，R_L 为负载电阻，u_o 为输出电压。

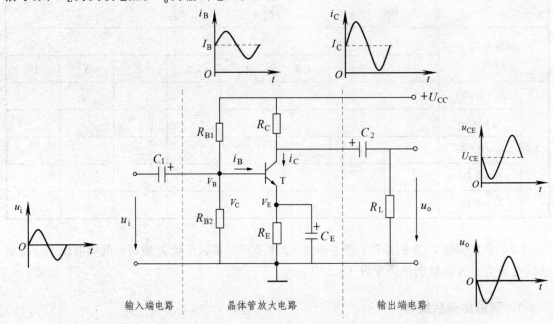

图 3.3.1　共发射极电压放大电路

1. 放大电路中各元器件的功能

1）晶体管 T

晶体管 T 是电流放大器件。其放大作用是利用晶体管的基极电流来控制集电极电流，将直流电源 U_{CC} 的能量转化为所需的信号供给负载。

2）直流电源 U_{CC}

直流电源 U_{CC} 的作用有两个：一是保证晶体管 T 发射结处于正向偏置、集电结处于反向偏置，使晶体管工作在放大状态；二是为放大电路提供能源。

3）集电极电阻 R_C

集电极电阻 R_C 的作用是将集电极电流的变化转换为电压变化，以实现电压放大。

4）基极电阻 R_B

基极电阻 R_B 的作用是为晶体管提供合适的基极静态电流 I_{BQ}。

5）发射极电阻 R_E

发射极电阻 R_E 在电路中引入了"电流串联负反馈"，其作用是稳定放大电路的静态工作点。

6）耦合电容器 C_1 和 C_2

耦合电容器 C_1 和 C_2 有两个作用：一是隔断直流（简称"隔直"），是利用 C_1、C_2 隔断放大电路与信号源、放大电路与负载之间的直流联系，以避免其直流工作状态互相影响；二是传输交流（简称"通交"）。C_1、C_2 沟通信号源、放大器和负载三者之间的交流通路。

2. 放大电路工作状态

1）无波形失真工作状态

电压放大电路的基本要求，就是输出信号尽可能不失真。如图 3.3.1 所示的放大电路静态工作状态为线性放大区时，在小信号输入条件下，其电路中输入、输出电压、电流信号变换规律如图 3.3.1 中波形所示。即：当电路静态工作点 Q 选择合适时，可得如图 3.3.2 所示无失真的输出信号波形图（其中，I_B、I_C、U_{CE} 为放大电路静态值）。

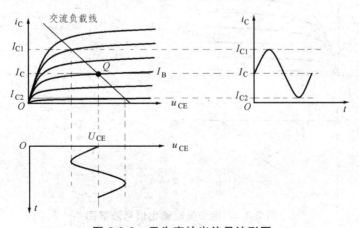

图 3.3.2　无失真输出信号波形图

2）失真工作状态

所谓失真，是指输出信号的波形不像输入信号的波形。引起失真的原因有多种，其中最基本的一个，就是由于静态工作点不合适或者信号太大，使放大电路的工作范围超出了晶体管特性曲线的线性范围。这种失真通常称为非线性失真。非线性失真又可分为截止失真和饱和失真。

截止失真：如图 3.3.3 所示，由于静态工作点 Q 的位置太低，在输入正弦电压的负半周，晶体管进入截止区工作，使 i_B、u_{CE} 和 i_C 都出现严重失真，i_B 的负半周和 u_{CE} 的正半周被削平。由于 i_B、u_{CE} 和 i_C 的波形失真是因晶体管的截止特性而引起的失真，故称为截止失真。

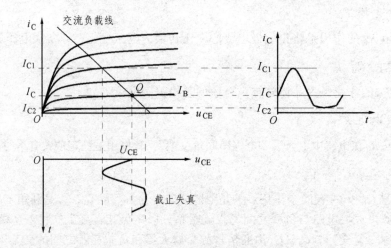

图 3.3.3　截止失真输出信号波形图

饱和失真：如图 3.3.4 所示，由于静态工作点 Q 的位置太高，在输入正弦电压的正半周，晶体管进入饱和区工作，这时 i_B 可以不失真，但是 u_{CE} 和 i_C 出现严重失真，如图 3.3.4 中 u_{CE} 的负半周已不是正弦变化。这种失真波形是由于晶体管的饱和特性而引起的失真，所以称为饱和失真。

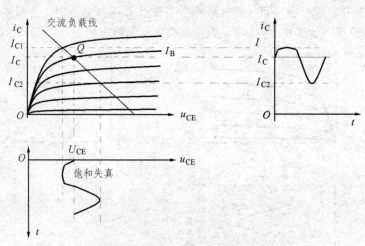

图 3.3.4　饱和失真输出信号波形图

3）失真的调试方法

调试放大电路的条件：一是发射结正偏，集电结反偏；二是放大电路要有完善的直流通路和交流通路。

调试静态工作点 Q：一般采用改变偏置电阻 R_B 的方法来调节静态工作点 Q。如放大电路信号发生截止失真，则说明放大电路的基极电流 I_B 较小，调节偏置电阻 R_B 使基极电压 U_{BE} 增加，从而增大基极电流 I_B，使截止失真消失；如放大电路发生饱和失真，则说明放大电路的基极电流 I_B 较高，调节偏置电阻 R_B 使基极电压 U_{BE} 减小，从而减小基极电流 I_B，使饱和失真消失。

3. 放大电路的基本分析与性能指标的测试方法

1）静态分析

放大电路如图 3.3.1 所示。

基极电位　　　　$V_B = \dfrac{R_{B2}}{R_{B1} + R_{B2}} U_{CC}$

发射极电流　　　$I_E = \dfrac{V_B - U_{BE}}{R_E}$

集电极电流　　　$I_C \approx I_E$

基极电流　　　　$I_B = \dfrac{I_C}{\beta}$

集-射极电压　　 $U_{CE} \approx U_{CC} - I_C(R_C + R_E)$

2）性能指标的分析计算

$$r_{be} = 300 + (1 + \beta)\frac{26\ (\mathrm{mV})}{I_E\ (\mathrm{mA})}$$

有电容 C_E 时，放大电路如图 3.3.5 所示。

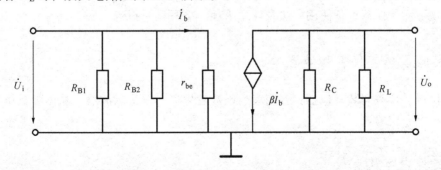

图 3.3.5　有电容 C_E 时的微变等效电路

输入电阻 r_i　　　$r_i = R_{B1} // R_{B2} // r_{be}$

输出电阻 r_o　　　$r_o = R_C$

电压放大倍数 $\qquad \dot{A}_\mathrm{u} = \dfrac{\dot{U}_\mathrm{o}}{\dot{U}_\mathrm{i}} = -\dfrac{\beta(R_\mathrm{C} /\!/ R_\mathrm{L})}{r_\mathrm{be}}$

无电容 C_E 时，放大电路如图 3.3.6 所示。

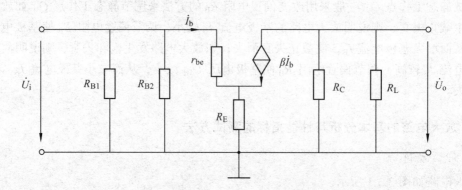

图 3.3.6　无电容 C_E 时的微变等效电路

输入电阻 r_i $\qquad\qquad r_\mathrm{i} = R_\mathrm{B1} /\!/ R_\mathrm{B2} /\!/ (r_\mathrm{be} + R_\mathrm{E}(1+\beta))$

输出电阻 r_o $\qquad\qquad r_\mathrm{o} = R_\mathrm{C}$

电压放大倍数 $\qquad\quad \dot{A}_\mathrm{u} = \dfrac{\dot{U}_\mathrm{o}}{\dot{U}_\mathrm{i}} = -\dfrac{\beta(R_\mathrm{C} /\!/ R_\mathrm{L})}{r_\mathrm{be} + (1+\beta)R_\mathrm{E}}$

3.3.3　预习内容

（1）预习晶体管的管脚识别方法，拟定测试晶体管管脚的操作步骤及注意事项。

（2）预习如图 3.3.7 所示放大电路的放大原理，静态和动态参数的计算方法。

（3）预习放大电路出现输出波形失真时的操作步骤及调节方法。

（4）预习实验内容，并写出估算静态工作点 Q 值（即：I_BQ、I_C、U_CE、r_be）和动态性能指标的表达式（即：输入电阻 r_i、输出电阻 r_o 和电压放大倍数 A_u、A_us）。

（5）预习测量仪器设备使用方法及注意事项。撰写预习报告。

3.3.4　实验仪器、仪表和装置

实验仪器、仪表和装置包括：万用表、函数发生器、双踪示波器、晶体管毫伏表、直流稳压电源、电子实验箱。

3.3.5　实验内容及步骤

实验电路如图 3.3.7 所示。

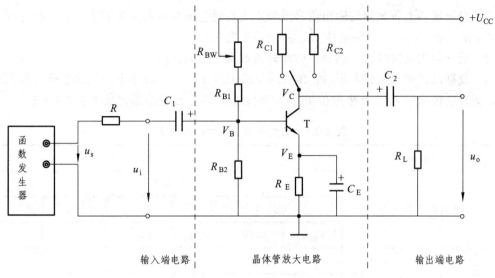

图 3.3.7　电压放大实验电路图

1. 元件测试

用万用表判别晶体管的管型和管脚；判断电解电容的极性和好坏；测量放大电路中电阻 R、R_E、R_{C1}、R_{C2} 和 R_L 的参数值，并记录于表 3.3.1 中。

2. 实验电路的连接

（1）将直流稳压源的两个电流调节旋钮顺时针调节到最大；打开电源开关，调节稳压源输出电压旋钮，并用万用表测得直流稳压输出电压为 $U_{CC} = 12$ V，然后关闭稳压源的电源，待用。

注意：先将直流稳压电源在开路情况下调到 12 V，再接到实验电路中，否则有可能使实验电路承受不必要的高压而损坏电子元件。

（2）按图 3.3.7 接线，集电极连接电阻 R_{C1}，检查无误后，再打开直流稳压电源。

注意：先不接入函数发生器。

（3）函数发生器调试为输出正弦信号，其输出电压有效值为 $U_i = 15$ mV，频率为 $f = 1$ kHz，然后接入如图 3.3.7 所示电路。

（4）将示波器连接于放大电路的输入信号 u_i 端和输出端负载 R_L 端，用于测量放大电路的输入、输出信号波形。

3. 静态工作点的测试

（1）调节基极端偏置电阻 R_{BW}，同时观察示波器显示的放大电路输出不失真信号波形。

① 如放大电路输出信号波形图中存在截止失真，应调高工作点，即调节减小电阻 R_{BW}。

② 如波形图是饱和失真，应调低工作点，即调节增加电阻 R_{BW}。

③ 如波形图中同时存在截止失真和饱和失真，则可适当地调小函数发生器的输出信号。调节结果为示波器上所观测的输出信号波形不失真。

（2）当示波器上所观测的输出信号波形不失真时，测量函数发生器输出信号的电压 U_S、频率 f 及放大电路输入信号的电压 U_i，并记录于表 3.3.1 中。

（3）断开放大电路的输入信号，即断开函数发生器的连接。

（4）分别测量接入负载电阻 R_L 和负载开路（即 $R_L = \infty$）状态下，放大电路的静态工作点值，即集电极电位 V_C、基极电位 V_B、发射极电位 V_E。测量结果记录于表 3.3.1 中。

表 3.3.1　放大电路工作状态测试表

$U_S =$		$U_i =$		$R =$	$R_E =$	$R_L =$	$f =$
放大电路的工作状态				实验数据			
				静态工作点		有效值	输出波形	放大倍数
				V_B/V	V_C/V	V_E/V	U_0/V	u_o	A
R_{C1}	调节 R_{BW}	放大	R_L						
			$R_L = \infty$						
		饱和	$R_L = \infty$					—	—
		截止	$R_L = \infty$					—	—
$R_{C2} =$		放大状态 $R_L = \infty$							

4. 放大电路的工作状态研究

1）定性观察放大电路性能

（1）接入负载 R_L 后输出信号的观测。

放大电路接通函数发生器信号，用示波器观测电路接入负载电阻 R_L 时，输入信号 u_i 波形、无失真输出信号 u_o 波形；测量输出电压 U_o 有效值，并记录于表 3.3.1 中。

（2）负载开路后输出信号的观测。

用示波器观测负载开路（即 $R_L = \infty$）时，输入信号 u_i 波形和无失真输出信号 u_o 波形，测量输出电压 U_o 有效值，并记录于表 3.3.1 中。

（3）集电极电阻的变化。

将集电极电阻改接为 R_{C2}，负载为开路，用示波器观测输入信号 u_i 波形、输出信号 u_o 波形，测量输出电压 U_o 有效值；然后断开放大电路的输入信号源，测试静态工作点值，并记录于表 3.3.1 中。

2）观测静态工作点对放大电路性能的影响

将集电极电阻接于 R_{C1}，负载为开路状态。

（1）调节基极端偏置电阻 R_{BW}，使放大电路进入饱和失真，用示波器观测输入信号 u_i 波形、输出信号 u_o 波形；然后断开放大电路的输入信号源，测试静态工作点值，并记录于表 3.3.1 中。

（2）调节基极端偏置电阻 R_{BW}，使放大电路进入截止失真，用示波器观测输入信号 u_i 波形、输出信号 u_o 波形；然后断开放大电路的输入信号源，测试静态工作点值，并记录于表 3.3.1 中。

5. 测量结束后操作

数据测量完成，测量数据经指导教师检查合格后，关闭电源，拆线。将所用的实验仪器、仪表及器件整理放置好，导线整理好。

3.3.6　实验报告

（1）画出完整的实验测试电路图，并在图中标明各元件参数和三极管型号及放大倍数 β，计算表 3.3.1 中的电压放大倍数 A。

（2）整理实验数据，分析基极偏置电路电阻 R_B 和集电极电阻 R_C 的变化对静态工作点、放大倍数及输出波形的影响。

（3）根据表 3.3.1 中的数据，计算表 3.3.2 中的各参数值。

（4）对实验中出现的现象、故障等进行分析讨论，并整理出今后实验操作中的注意事项。

表 3.3.2　放大电路各性能参数表

放大电路工作状态			静态工作点 Q 值			动态性能指标			
			I_B	I_C	U_{CE}	r_{be}	r_i	r_o	A
R_{C1}	放大	R_L							
		$R_L = \infty$							
	饱和	$R_L = \infty$				—	—	—	—
	截止	$R_L = \infty$				—	—	—	—
R_{C2}	放大状态 $R_L = \infty$								

注：输出电阻 r_o 的计算公式为

$$r_o = \left(\frac{U_o}{U_{oL}} - 1 \right) R_L$$

其中，U_o 为负载 $R_L = \infty$ 时的输出电压值；U_{oL} 为接上负载 R_L 时的输出电压值。

（5）记录实验体会。

3.4　运算放大器的线性应用（1）

3.4.1　实验目的

（1）掌握运算放大器的基本工作原理。

（2）掌握应用运算放大器组成反向比例器、反向器等基本运算电路。

3.4.2　实验原理

1. 集成运算放大器

1）运算放大器的组成

集成电路是应用半导体工艺，将半导体管子、电阻、导线等集成在一块硅片上的固体器件，按功能分为数字集成电路和模拟集成电路。

运算放大器的种类和型号很多，电路形式也有所不同，但归纳起来，可分为简单型、通用型和专用型 3 种，其内部结构如框图 3.4.1 所示。

图 3.4.1　集成运算放大器结构框图

（1）输入级：通常采用差动放大电路，以抑制零漂，提高输入电阻。

（2）中间放大级：一级或多级电压放大电路，要求其放大倍数高，一般多为共射级或差动放大电路。

（3）输出级：一般采用电压跟随器或互补对称放大电路，以降低输出电阻，提高输出电压及输出功率。

（4）偏置电流源电路：可提供几乎不随温度变化而变化的稳定偏置电流，以稳定工作点。

2）运算放大器的线性特性

（1）图形符号。

根据国家标准，运算放大器的图形符号如图 3.4.2 所示。

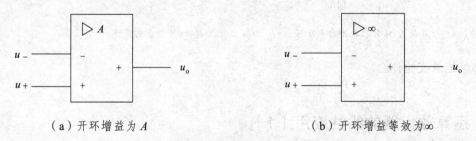

（a）开环增益为 A　　　　　　　　　　（b）开环增益等效为 ∞

图 3.4.2　集成运算放大器的图形符号

其中："－"端为反相输入端，"＋"端为同相输入端，它们与"地"之间的电压分别用 u_- 和 u_+ 来表示；长方形框右边引线端为信号输出端 u_o，输出信号可用输出端对"地"电压 u_o

来表示；框内"三角形"表示集成运算放大器是"放大器件"；"A"为放大器未接反馈电路时的电压放大倍数，称为开环电压增益或开环电压放大倍数，即

$$A = -\frac{u_o}{u_- - u_+}$$

实际运算放大器的开环电压增益 A 很高，一般为 $10^3 \sim 10^7$（$60 \sim 140\,\text{dB}$）。因此在不特别关心其数值的场合，开环增益 A［如图 3.4.2（a）所示］可用符号 ∞ 表示，如图 3.4.2（b）所示。

（2）电压传输特性。

放大器的输出信号和输入信号的关系曲线为传输特性，运算放大器的电压传输特性如图 3.4.3 所示。

运算放大器只有在输入信号 u_i 比较小的范围内，输出信号 u_o 才与 u_i 有线性关系，即 $u_o = -A_o u_i$，关系只存在于坐标原点附近的传输特性的线性运行区。由于运放的开环放大倍数 A 很高，线性区很窄，输入端 u_- 稍高于 u_+，输出端 u_o 就达到负饱和值 $-U_{om}$（大于或等于负电源电压）；反之，u_- 稍低于 u_+，u_o 就达到正饱和值 $+U_{om}$（小于或等于正电源电压）。

（3）线性区的等效电路模型。

在线性区，运算放大器的等效电路模型如图 3.4.4 所示，这是"电压控制电压"的受控源，r_{id} 是运算放大器的输入电阻（一般为几千欧至几兆欧，输入电阻高），r_o 是运算放大器的输出电阻（一般几十至几百欧，输出电阻低）。

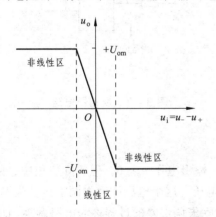

图 3.4.3　运算放大器的电压传输特性

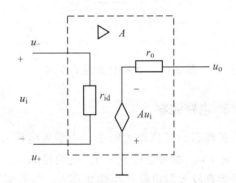

图 3.4.4　运算放大器的等效电路模型

3）理想运算放大器

根据理想运算放大器的主要特征（$A_o \to \infty$、$r_{id} \to \infty$、$r_o \to 0$ 等），当如图 4.5.5 所示的理想运算放大器工作在线性区时，可以得到下面两个重要的特性：

（1）输入电流为零。

"虚短"　　$i_i \approx 0$。

（2）两个输入端子间的电压为零。

"虚断"　　$u_+ \approx u_-$。

这两个特性是分析运算放大器电路的重要依据。运用这两个特性，可大大简化运算放大器应用电路的分析。

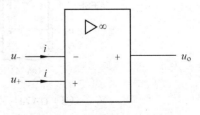

图 3.4.5　理想运算放大器

2. 运算放大器的反相比例运算应用

反相比例运算电路如图 3.4.6 所示。输入信号 u_i 经输入端电阻 R_1 送到反相输入端，而同相输入端通过电阻 R_2 接"地"。反馈电阻 R_f 跨接于输出端和反相输入端之间，形成深度电压并联负反馈。图 3.4.6 所示电路输出电压与输入电压的比例运算关系式为

$$u_o = -\frac{R_f}{R_1}u_i$$

式中，负号表示 u_o 与 u_i 反相。如果 R_1 和 R_f 的阻值足够精确，而且运算放大器的电压放大倍数很高，可认为 u_o 与 u_i 间的关系只取决于 R_f 和 R_1 的比值，与运算放大器本身的参数无关，这就保证了比例运算的精度和稳定性。

当输出电压 $u_o = -\frac{R_f}{R_1}u_i$ 中的电阻 $R_1 = R_f = R$ 时，"反相比例器"则为"反相器"，如图 3.4.7 所示，其输出电压与输入电压的运算关系式为

$$u_o = -u_i$$

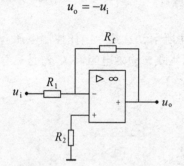

图 3.4.6　反相比例运算电路

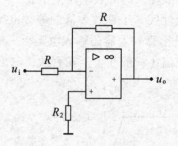

图 3.4.7　反相器电路

3. 电路调零

在理想的运算放大器中，当输入电压 $u_i = 0$ 时，输出电压 $u_o = 0$。但实际应用中，$u_i = 0$ 时，$u_o \neq 0$。如果要使 $u_o = 0$，必须再加入一个补偿电压，这个电压称为失调电压。失调电压将对运算放大器电路产生输出误差，即失调误差。消除失调误差的过程称为电路调零。UA741 可通过引脚 1、5、4 的连接进行调零，如图 3.4.8 所示。

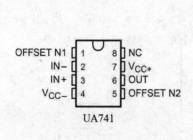

（a）UA741 引脚图

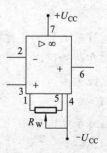

（b）调零引脚连接图

图 3.4.8　UA741 引脚调零局部连接图

3.4.3　预习内容

（1）预习集成运算放大器的工作原理、电路调零概念，掌握运算放大器的管脚图。

（2）预习实验内容及相关应用电路的工作原理，思考实验电路的电阻参数的大小是否会影响运算放大器的工作状态（即：工作在"线性区"或"非线性区"）。

（3）预习直流稳压电源、函数发生器、示波器的操作方法及注意事项。

（4）预习实验电路"共地"的概念。

（5）撰写预习报告。

3.4.4　实验仪器、仪表和装置

实验仪器、仪表和装置包括：万用表、函数发生器、双踪示波器、晶体管毫伏表、直流稳压电源、电子实验箱。

3.4.5　实验内容及步骤

1. 反相比例运算

（1）用万用表测量电阻 R_1、R_2、R_f 的值，并记录于表 3.4.1 中。

注意：

① 切勿带电测量电阻值。

② 电阻 R_1、R_2、R_f、R_W 的参考值为 10 kΩ、9 kΩ、100 kΩ、10 kΩ。

（2）将直流稳压源的两个电流调节旋钮顺时针调节到最大；打开电源开关，调节稳压源输出电压旋钮，使其输出电压为 $U_{CC} = \pm 15$ V，然后关闭稳压源的电源，待用。

（3）打开函数发生器电源开关，调节输出信号为直流电压，电压值为 0 V，待用。

（4）按图 3.4.9 接线，R_W 调节到中间位置，确保电路连接无误后，打开稳压电源开关，用万用表测量输出端电压 u_o。通过调节 R_W 使电压 u_o 值为零。

注意：

① 用万用表的直流挡位测量电压 u_o。即先用 6 V 量程预测，根据预测电压值，再改变万用表的量程为 600 mV 或 60 mV 进行测量调零。

② 不能用万用表的电流、电阻测量挡位测量电压。

③ 万用表的测试"红笔"接图 3.4.9 中电压 u_o 输出端，"黑笔"接零电位"⊥"端。

（5）在图 3.4.9 中接入函数发生器直流信号 u_i，如图 3.4.10 所示。

（6）缓慢调节函数发生器，使运算放大器输入信号电压 u_i 在 $-1 \sim +1$ V 取 7 个点（如表 3.4.1 所示），并同步用万用表测试输出电压 u_o，记录于表 3.4.1 中。

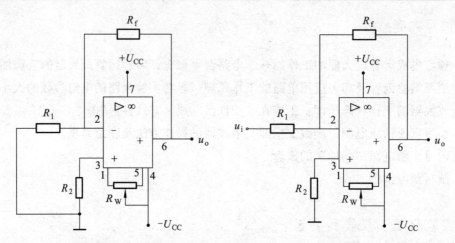

图 3.4.9　反相比例运算放大器调零电路图　　　图 3.4.10　反相比例运算放大器实验原理图

表 3.4.1　反相比例运算放大电路参数测试表

项目	$R_1 =$		$R_f =$	$R_2 =$		$U_{CC} = \pm15\ V$	
u_i /V	-1	-0.8	-0.3	0	$+0.3$	$+0.8$	$+1$
u_o /V							
A_f							

2. 反相比例器的传输特性测试

（1）将函数发生器从图 3.4.10 中拆开，调节函数发生器输出信号为正弦交流电压信号，其电压有效值为 2 V。

（2）将函数发生器再次接入 3.4.10 中，用示波器观测输出与输入的传输特性，并记录其传输特性波形及正、负向饱和电压和相关的坐标值。示波器的测量电路如图 3.4.11 所示。

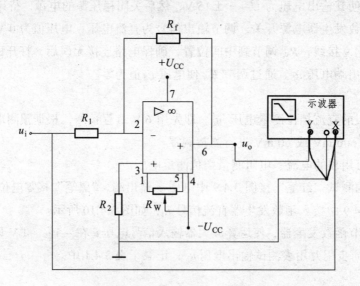

图 3.4.11　示波器测量反相比例器传输特性的接线图

注意：

① 示波器改为 X-Y 工作方式。

② 选择适当的 X 轴和 Y 轴衰减值。

3. 反相器运算电路

（1）从图 3.4.11 中将函数发生器、示波器拆开，关闭直流稳压电源开关。更改电路电阻参数 R_1、R_2、R_f 为 $R_1 = R_f = R = 100 \text{ k}\Omega$、$R_2 \approx \dfrac{R_1}{2}$。其反相器原理电路如图 3.4.7 所示。

（2）打开直流稳压电源开关，接入函数发生器信号，用示波器分别测量输入信号 u_i 和输出信号 u_o，并记录观测波形结果。

注意示波器工作方式的选择。

4. 测量结束后操作

数据测量完成，测量数据经指导教师检查合格后，关闭电源，拆线。将所用的实验仪器、仪表及器件整理放置好，导线整理好。

3.4.6　实验报告

（1）分析实验测试数据表和波形图，并计算其电压放大倍数 A_f。

（2）画出反相比例器电路的电压传输特性曲线，并根据测量的电压传输特性，指出其反相比例运算放大电路的线性动态范围。

（3）讨论同相运算放大电路与反相运算放大电路有什么异同？

（4）记录实验体会。

3.5　运算放大器的线性应用（2）

3.5.1　实验目的

（1）掌握运算放大器的基本工作原理。

（2）掌握应用运算放大器组成加法器、减法器等基本运算电路的方法。

3.5.2　实验原理

1. 反相加法器

反相比例加法运算电路如图 3.5.1 所示，其运算关系式为

$$u_o = -\left(\frac{R_f}{R_{11}} u_{i1} + \frac{R_f}{R_{12}} u_{i2} \right)$$

当电阻 $R_{11} = R_{12} = R_1$ 时，则上式为

$$u_o = -\frac{R_f}{R_1}(u_{i1} + u_{i2})$$

当电阻 $R_1 = R_f = R$ 时，简化为如图 3.5.2 所示反相加法运算电路，其运算关系式为

$$u_o = -(u_{i1} + u_{i2})$$

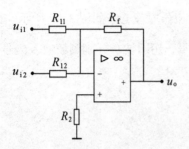

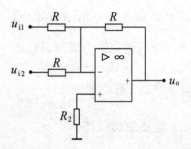

图 3.5.1　反相比例加法运算电路　　　　图 3.5.2　反相加法运算电路

2. 差动运算放大电路（减法运算电路）

差动运算放大电路如图 3.5.3 所示，其运算关系式为

$$u_o = \left(1 + \frac{R_f}{R_1}\right)\frac{R_3}{R_2 + R_3} \cdot u_{i2} - \frac{R_f}{R_1}u_{i1}$$

当图 3.5.3 中电阻 $R_1 = R_2$ 和电阻 $R_f = R_3$ 时，则上式为

$$u_o = \frac{R_f}{R_1}(u_{i2} - u_{i1})$$

当图 3.5.3 中电阻 $R_1 = R_2 = R_3 = R_f = R$ 时，简化为如图 3.5.4 所示减法器电路，其运算关系为

$$u_o = u_{i2} - u_{i1}$$

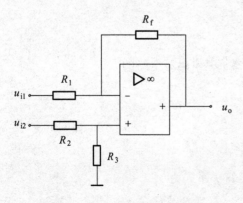

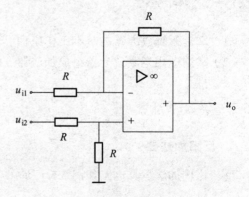

图 3.5.3　差动运算放大电路　　　　图 3.5.4　减法器

3.5.3 预习内容

（1）预习实验内容、电路及原理，思考实验电路的电阻参数的大小是否会影响运算放大器的工作状态（即：工作在"线性区"或"非线性区"）。

（2）预习测试仪器、仪表等测量方式、操作方法及注意事项。

（3）预习实验电路"共地"的概念。

（4）撰写预习报告。

3.5.4 实验仪器、仪表和装置

实验仪器、仪表和装置包括：万用表、函数发生器、双踪示波器、晶体管毫伏表、直流稳压电源、电子实验箱。

3.5.5 实验内容及步骤

1. 反相加法运算放大电路

（1）用万用表测量电阻 R_{11}、R_{12}、R_f、R_2 的值，并记录于表 3.5.1 中。

注意：电阻 R_{11}、R_{12}、R_f、R_2、R_W 的参考值为 10 kΩ、10 kΩ、100 kΩ、5.1 kΩ、10 kΩ。

（2）将直流稳压源的两个电流调节旋钮顺时针调节到最大；打开电源开关，调节稳压源输出电压旋钮，使其输出电压为 $U_{CC} = \pm15$ V，然后关闭稳压源的电源，待用。

（3）打开函数发生器电源开关，调节双路 CH1、CH2 输出信号为直流电压，电压值均为 0 V，待用。

（4）按图 3.5.5（a）接线，R_W 调节到中间位置，确保电路连接无误后，打开稳压电源开关，用万用表测量输出端电压 u_o。通过调节 R_W 使电压 u_o 值为零。

注意：

① 用万用表的直流挡位测量电压 u_o。即先用 6 V 量程预测，根据预测电压值，再改变万用表的量程为 600 mV 或 60 mV 进行测量调零。

② 不能用万用表的电流、电阻测量挡位测量电压。

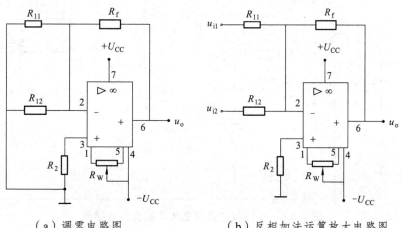

（a）调零电路图　　　　　　　　　　　（b）反相加法运算放大电路图

图 3.5.5　反相比例运算放大器

（5）在图 3.5.5（a）中接入函数发生器的直流信号，如图 3.5.5（b）所示。

（6）任意选择 4 组输入 u_{i1}、u_{i2} 数据，其中有 3 组数据必须满足以下条件：

$$|u_o| = \left| -\left(\frac{R_f}{R_{11}} u_{i1} + \frac{R_f}{R_{12}} u_{i2} \right) \right| < |U_{CC}|$$

另一组数据则满足：

$$|u_o| = \left| -\left(\frac{R_f}{R_{11}} u_{i1} + \frac{R_f}{R_{12}} u_{i2} \right) \right| > |U_{CC}|$$

或按指导老师给定的 4 组输入 u_{i1}、u_{i2} 数据进行实验。

缓慢调节函数发生器的 u_{i1}、u_{i2}，并测试 u_{i1}、u_{i2}、u_o 的值，记录于表 3.5.1 中。

表 3.5.1　反相加法运算放大电路参数测试表

项　　目	$R_{11}=$	$R_{12}=$	$R_f=$	$R_2=$	$U_{CC}=\pm 15$ V
u_{i1} /V					
u_{i2} /V					
u_o /V					

（7）确认测量数据无误后，拆除函数发生器信号，关闭直流稳压电源。

2. 反相减法运算放大电路

（1）用万用表测量电阻 R_1、R_2、R_3、R_f 的值，并记录于表 3.5.2 中。

注意：电阻 R_1、R_2、R_3、R_f、R_W 的参考值为 10 kΩ、10 kΩ、100 kΩ、100 kΩ、10 kΩ。

（2）按图 3.5.6 接线。

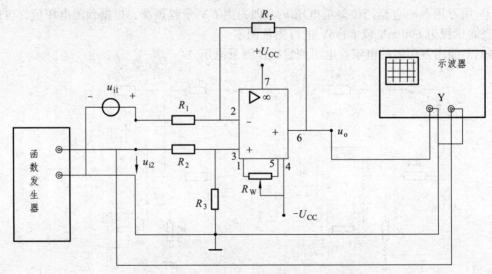

图 3.5.6　反相减法运算放大电路实验电路图

① 将 R_W 调节到中间位置，将电路的信号输入端对地短接，确保电路连接无误后，打开

稳压电源开关，用万用表测量输出端电压 u_o。通过调节 R_W 使电压 u_o 值为零。

注意：函数发生器的输入端不能短接。

② 接入函数发生器信号，其输出信号如表 3.5.2 所示。

（3）用双踪示波器观测，如表 3.5.2 中所示各个输入信号 u_{i1}、u_{i2} 所对应的输出信号 u_o 波形及参数。

注意：观测 u_{i1}、u_{i2}、u_o 信号的最大值、最小值。

表 3.5.2　反相减法运算放大电路参数测试表

项　目	$R_1 = R_2 =$		$R_3 = R_f =$		$U_{CC} = \pm 15$ V	
u_{i1} /V	2	3	\multicolumn{2}{c	}{$0.2\sqrt{2}\sin 1000t$}	\multicolumn{2}{c	}{$0.2\sqrt{2}\sin 1000t$}
u_{i2} /V	3	2	\multicolumn{2}{c	}{0.6}	\multicolumn{2}{c	}{$\sqrt{2}\sin 1000t$}
u_o /V			最大值	最小值	最大值	最小值
u_{i1} 波形	—	—				
u_{i2} 波形	—	—				
u_o 波形	—	—				

3. 测量结束后操作

数据测量完成，测量数据经指导教师检查合格后，关闭电源，拆线。将所用的实验仪器、仪表及器件整理放置好，导线整理好。

3.5.6　实验报告

（1）根据表 3.5.1 的测量数据，讨论运算放大器线性应用注意事项。

（2）同相加法运算放大电路与反相加法运算放大电路有什么异同？

（3）分析表 3.5.2 中的实验测试数据和波形图，并用坐标纸绘出 u_{i1}、u_{i2} 和 u_o 波形。

（4）记录实验体会。

第4章　数字电子技术基础实验与实训

4.1　逻辑门组成故障报警电路（1）

4.1.1　实验目的

（1）掌握非门、与门、或非门等集成逻辑门的逻辑功能。

（2）掌握组合逻辑电路的综合分析方法及故障报警电路的基本设计思路。

（3）提高检查及排除电路故障的能力。

4.1.2　实验原理

本实验项目是对三台设备分别进行故障报警，其逻辑电路主要由两个模块组成，即三台设备的故障模拟电路和报警电路。

1.　三台设备的故障模拟电路

用直流电压源 U_{CC} 和三个开关（即开关 J1、J2、J3）构成故障模拟电路，如图 4.1.1 所示。其工作原理为：

（1）设开关连接电源 U_{CC} 端表示设备正常工作，反之，开关连接于接地端表示设备发生了故障。

（2）当设备发生故障时，非门输入的逻辑信号为低电平（即非门输入用 A、B、C 表示），这时非门的输出为高电平（即非门输出用 F1、F2、F3 表示）；反之，当设备正常工作时，非门输入为高电平，非门的输出为低电平。

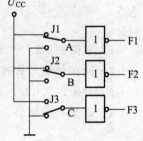

（3）例如：如图 4.1.1 所示逻辑电路中，开关 J1、J2 与电源 U_{CC} 端连接，而开关 J3 连接于接地端，则 A、B 逻辑信号为逻辑 "1"，C 为逻辑 "0"；F3 发出故障报警逻辑 "1" 信号。

图 4.1.1　故障模拟电路

2.　报警电路

报警电路如图 4.1.2 所示。

1）用发光二极管 LED 模拟报警信号

3 个发光二极管 LED 表示设备的工作状态。

设 LED 正常发光时，表示设备工作正常；LED 熄灭时，表示电设备有故障发生，即用发光二极管 LED 熄灭来模拟报警信号。

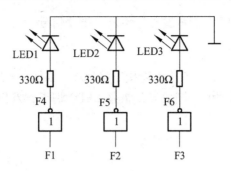

图 4.1.2　报警电路

2）故障报警信号分配

发光二极管 LED1 表示 A 路发生故障报警信号。

发光二极管 LED2 表示 B 路发生故障报警信号。

发光二极管 LED3 表示 C 路发生故障报警信号。

3）报警电路工作原理

当非门输入为逻辑"0"时，则非门的输出为逻辑"1"，LED 正常发光，设备工作正常。

当非门输入为逻辑"1"时，则非门的输出为逻辑"0"，LED 熄灭，发出报警信号。

3. 故障报警电路工作原理

将图 4.1.1 和图 4.1.2 组合在一起，构成三台设备的故障报警电路，如图 4.1.3 所示。

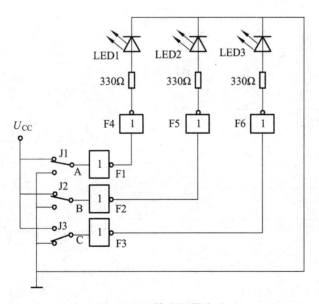

图 4.1.3　故障报警电路

1）无故障发生

在图 4.1.3 中，当电路无故障发生时，开关 J1、J2、J3 连接于电源 U_{CC} 端，A、B、C 的逻辑信号为"1"，3 个非门 F1、F2、F3 输出"0"，3 个非门 F4、F5、F6 输出"1"，3 个发光二极管 LED1、LED2、LED3 正常发光，不发出报警信号。

2）发生故障

设 C 路发生故障，开关 J3 模拟故障连接于接地端，如图 4.1.3 所示，C 逻辑信号为"0"，非门 F3 输出"1"，F6 输出"0"，则发光二极管 LED3 熄灭，发出报警信号。

4.1.3　预习内容

（1）预习图 4.1.3 的逻辑电路工作原理。

（2）预习逻辑非门芯片的结构，如图 4.1.4（b）所示；预习图 4.1.4（a）与图 4.1.4（b）中非门管脚的对应连接关系。

（3）预习实验内容、逻辑电路、操作步骤。

（4）撰写实验预习报告。

4.1.4　实验仪器、仪表和装置

实验仪器、仪表和装置包括：万用表、电子实验箱、逻辑门、LED 等。

4.1.5　实验内容及步骤

（1）结合图 4.1.4（b）中所示非门管脚示意图，按图 4.1.4（a）连接电路。

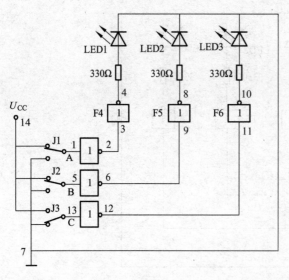

（a）故障报警电路

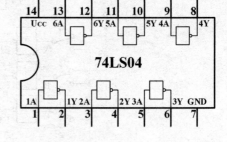

（b）逻辑非门芯片

图 4.1.4　故障报警逻辑电路图

（2）按真值表 4.1.1 中 A、B、C 的要求，进行图 4.1.4（a）中 J1、J2、J3 的开关操作，并将 LED 的状态记录于表中。

表 4.1.1 故障报警电路的实验状态真值表

故障状态			报警信号状态		
A	B	C	LED1	LED2	LED3
0	0	0			
0	0	1			
0	1	0			
0	1	1			
1	0	0			
1	0	1			
1	1	0			
1	1	1			

注意：

① 开关 J 接电源 U_{CC} 时，所对应的 A、B、C 逻辑为 "1"；开关 J 接于地时，所对应的 A、B、C 逻辑为 "0"。

② 表 4.1.1 中 LED 状态为："发光" 或 "熄灭"。

（3）数据测量完成，测量数据经指导教师检查合格后，关闭电源，拆线。将所用的实验仪器、仪表及器件整理放置好，导线整理好。

4.1.6 实验报告

（1）画出实验接线逻辑电路图。

（2）根据表 4.1.1 完成表 4.1.2 的逻辑值关系，并说明 A、B、C 路是否发生故障报警。设故障报警信号为 "1"，无报警信号为 "0"。

表 4.1.2 故障报警电路真值表

工作状态的逻辑值			报警信号逻辑值			故障报警信号注释
A	B	C	LED1	LED2	LED3	
0	0	0				
0	0	1				
0	1	0				
0	1	1				
1	0	0				
1	0	1				
1	1	0				
1	1	1				

（3）试写出 LED1、LED2、LED3 的逻辑表达式。

（4）记录实验体会。

4.2 逻辑门组成故障报警电路（2）

4.2.1 实验目的

（1）掌握集成逻辑门的逻辑功能及应用。
（2）掌握组合逻辑电路的综合分析方法及与故障报警电路的基本设计思路。
（3）提高检查及排除电路故障的能力。

4.2.2 实验原理

1. 组成故障报警电路的模块分析

用与非门组成故障报警控制实验原理电路分为三个模块，即故障模拟电路、报警电路、脉冲信号源电路，如图 4.2.1 所示。其中，故障模拟电路、报警电路 LED1、LED2、LED3 与实验 4.1 项目相同，重点是增加了报警 LED4 信号和脉冲信号源电路。

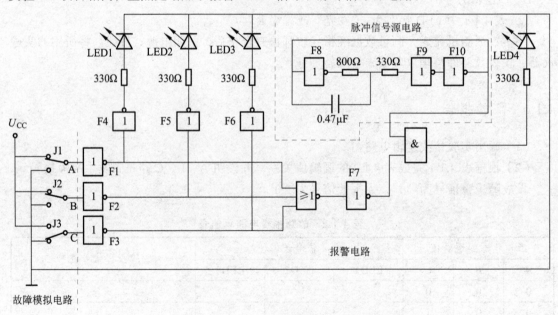

图 4.2.1 与非门组成故障报警控制电路原理图

1）故障模拟电路

开关 J 接在电源 U_{CC} 端时，表示电路工作正常；开关 J 接地"⊥"，则表示电路发生了故障。

2）报警电路

发光二极管 LED1 熄灭时，表示 A 路发生故障报警信号。
发光二极管 LED2 熄灭时，表示 B 路发生故障报警信号。
发光二极管 LED3 熄灭时，表示 C 路发生故障报警信号。

发光二极管 LED4 发光时，表示 A、B、C 三路线路中有一个或多个发生故障所发出报警信号。

3）脉冲信号源电路

脉冲信号源电路是由 3 个非门 F8、F9、F10 和 2 个电阻 R_1、R_2 及电容 C 组成的多谐振荡器，如图 4.2.2 所示。

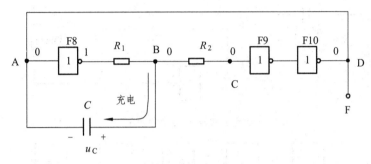

（a）多谐振荡器充电分析图

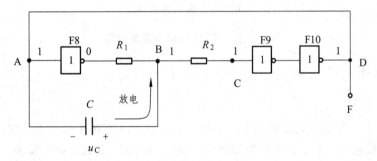

（b）多谐振荡器放电分析图

图 4.2.2　多谐振荡器工作原理图

设图 4.2.2（a）电容 C 的初始电压 u_C 值为零，图中 A 点的输入逻辑值为 "0"，则非门 F8 输出逻辑为 "1"。由于电容 C 初始电压 u_C 值为零，所以，图中 B 点的逻辑值与 A 点逻辑值相同为 "0"。两个非门 F9、F10 使 D 点的输出逻辑值为 "0"，维持 A 点的逻辑值不变。同时，非门 F8 输出逻辑 "1"，经电阻 R_1 和电容 C 及非门 F8 所构成的回路，形成对电容 C 的 "充电"，如图 4.2.2（a）所示，这时 F 的逻辑值为 "0"。

"充电" 将引起电容 C 电压 u_C 的上升，即图中 B 点电位上升，其电压 u_C 不断提高的结果，最终使 C 点逻辑值由 "0" 变为 "1"，从而改变 D 点的逻辑为 "1"，使 A 点的逻辑也变换为 "1"，如图 4.2.2（b）所示，这时 F 的逻辑值由 "0" 变为 "1"。

B 点的逻辑值 "1"，又使电容 C 电压 u_C 通过电阻 R_1 进入 "放电" 状态。随着电容的不断 "放电"，电容 C 电压 u_C 逐渐减小，即图中 B 点电位下降。当 B 点电位减小到一定值时，将引起 C 点的逻辑值变换为 "0"，则 F 的逻辑值又由 "1" 变为 "0"，如图 4.2.2（a）所示。

所以，图 4.2.2 输出点 F 的逻辑波形如图 4.2.3（b）所示，称为 "多谐振荡"，其电路称为多谐振荡器。当电路发生故障时，发光二极管 LED4 工作在闪亮状态下，报警有故障发生，如图 4.2.3（a）所示。

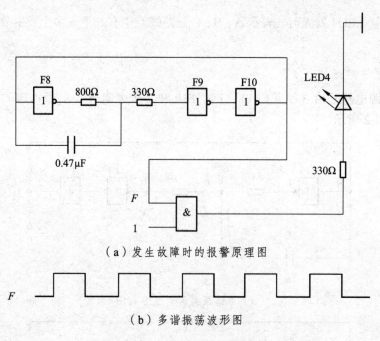

（a）发生故障时的报警原理图

（b）多谐振荡波形图

图 4.2.3　LED4 故障报警原理图

2. 工作原理

1）正常工作时

在图 4.2.1 中，当电路无故障发生时，开关 J1、J2、J3 连接于电源 U_{CC} 端，3 个非门 F1、F2、F3 输入逻辑信号"1"，3 个发光二极管 LED1、LED2、LED3 正常发光，不发出报警信号；而发光二极管 LED4 熄灭。

2）发生故障时

设 C 路发生故障，开关 J3 模拟故障连接于接地端，如图 4.2.1 所示，非门 F3 输入逻辑信号"0"，F3 输出"1"，F6 输出"0"，则发光二极管 LED3 熄灭，C 路发出报警信号。

同时，因非门 F3 输出逻辑"1"，则或非门输出逻辑"0"，F7 输出逻辑"1"，则发光二极管 LED4 发出闪亮的故障报警信号。

4.2.3　预习内容

（1）预习实验电路原理、内容、操作步骤。预习相关的集成芯片（见图 4.2.4）的结构。

（2）根据 4.1.4、图 4.2.4、图 4.2.5，预习实验电路，并画出图 4.2.1 故障报警实验接线电路图。

（3）预习示波器的使用方法。

（4）撰写实验预习报告。

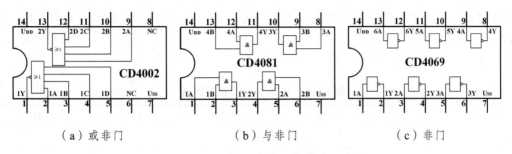

（a）或非门　　　　　　　（b）与非门　　　　　　　（c）非门

图 4.2.4　逻辑门集成芯片管脚示意图

4.2.4　实验仪器、仪表和装置

实验仪器、仪表和装置包括：万用表、双踪示波器、电子实验箱、逻辑门、LED 等。

4.2.5　实验内容及步骤

1. 多谐振荡器实验

按图 4.2.5 连接实验电路，用示波器观测输出逻辑值 F 的波形图，并记录观测波形图。同时，观测和记录 LED4 的工作状态。

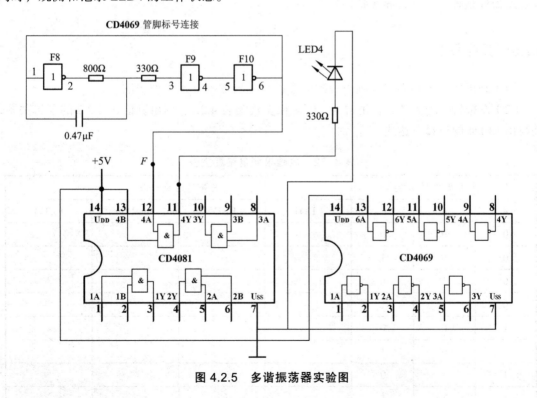

图 4.2.5　多谐振荡器实验图

2. 故障报警实验

参考故障报警逻辑图 4.1.4、多谐振荡器图 4.2.5 和逻辑门集成芯片管脚示意图 4.2.4，按

图 4.2.1 原理图连接实验电路，并根据表 4.2.1 中 A、B、C 的状态要求操作开关 J1、J2、J3，观测 4 个二极管 LED 的工作状态（即是"熄灭"还是"发光"或"闪亮"），观测结果记录于表 4.2.1 中。

表 4.2.1　故障报警电路观测表

A	B	C	LED1	LED2	LED3	LED4
0	0	0				
0	0	1				
0	1	0				
0	1	1				
1	0	0				
1	0	1				
1	1	0				
1	1	1				

3. 测量结果后操作

数据测量完成，测量数据经指导教师检查合格后，关闭电源，拆线。将所用的实验仪器、仪表及器件整理放置好，导线整理好。

4.2.6　实验报告

（1）画出实验电路图，并画出观测的多谐振荡器输出 F 端的波形图。

（2）设报警信号为"1"，正常为"0"。根据观测表 4.2.1，列出真值表 4.2.2 的逻辑关系，并写出 LED4 的逻辑表达式。

表 4.2.2　故障报警电路真值表

工作状态的逻辑值			报警信号逻辑值			
A	B	C	LED1	LED2	LED3	LED4
0	0	0				
0	0	1				
0	1	0				
0	1	1				
1	0	0				
1	0	1				
1	1	0				
1	1	1				

（3）记录实验体会。

4.3　逻辑门组成一位数字比较器

4.3.1　实验目的

（1）进一步了解数字比较器的设计原理。
（2）提高组合逻辑电路的分析设计能力。
（3）增强实际动手操作能力。

4.3.2　实验原理

数字比较是一种简单的数学运算，即是一种比较两个数字 A 和 B 大小的运算。数字比较器是判断两个数 A、B 大小的逻辑电路，比较结果为 $A > B$、$A = B$、$A < B$ 三种情况。

一位数字的比较器是多位数字比较器的基础。设一位数字为 A、B，其大小比较的逻辑关系如真值表 4.3.1 所示。

表 4.3.1　一位数字比较器真值表

输　入		输　出		
A	B	$F_{A>B}$	$F_{A<B}$	$F_{A=B}$
0	0	0	0	1
0	1	0	1	0
1	0	1	0	0
1	1	0	0	1

由真值表 4.3.1 得逻辑表达式：

$$F_{A>B} = A\overline{B} = \overline{\overline{A} + B}$$

$$F_{A<B} = \overline{A}B = \overline{A + \overline{B}}$$

$$F_{A=B} = \overline{A}\,\overline{B} + AB = \overline{A\overline{B} + \overline{A}B}$$

由以上逻辑表达式可得逻辑电路图 4.3.1。

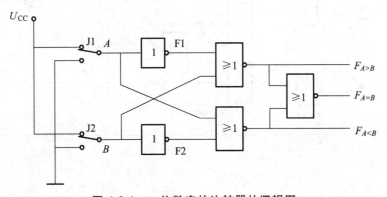

图 4.3.1　一位数字的比较器的逻辑图

4.3.3　预习内容

（1）预习实验电路原理，明确实验目的。
（2）预习实验内容、步骤及逻辑电路图 4.3.2。
（3）分析判断表 4.3.2 的实验结果。
（4）预习集成元件的逻辑特性和实验装置。
（5）撰写实验预习报告。

4.3.4　实验仪器、仪表和装置

实验仪器、仪表和装置包括：万用表、电子实验箱、逻辑门、LED。

4.3.5　实验内容及步骤

（1）结合图 4.3.2（a）（b）中所示或非门和非门管脚示意图，按图 4.3.2（c）连接实验电路。
（2）按真值表 4.3.2 中 A、B 的状态要求，操作图 4.3.2（c）中开关 J1、J2，并将 LED 测试结果（发光、不发光）填入表 4.3.2 中。

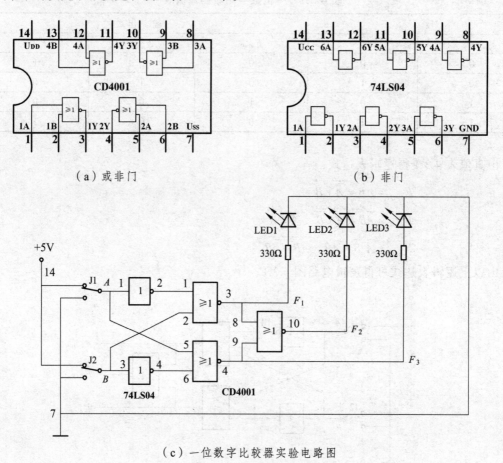

（a）或非门　　　　　　　　　　　（b）非门

（c）一位数字比较器实验电路图

图 4.3.2　集成逻辑芯片和一位数字比较器实验电路图

表 4.3.2　一位数字比较器实验数据测试表

A	B	LED1	LED2	LED3
0	0			
0	1			
1	0			
1	1			

（3）数据测量完成，测量数据经指导教师检查合格后，关闭电源，拆线。将所用的实验仪器、仪表及器件整理放置好，导线整理好。

5.3.6　实验报告

（1）分析一位数字比较器实验测试中二极管发光表示的数字信号是"1"还是"0"，并完成表 4.3.3 中 F_1、F_2、F_3 的逻辑值，说明 F_1、F_2、F_3 输出什么信号表示大于、小于和等于。

表 4.3.3　一位数字比较器实验数据分析表

A	B	LED1	LED2	LED3	F_1	F_2	F_3
0	0						
0	1						
1	0						
1	1						

（2）记录实验体会。

4.4　逻辑门组成全加器

4.4.1　实验目的

（1）掌握全加器的性能及设计原理。
（2）提高组合逻辑电路的分析与设计能力。
（3）掌握组合电路输出的逻辑测试方式。

4.4.2　实验原理

全加器的功能在 1 位二进制加法运算（即 $A_i + B_i$）中，同时考虑了低位来的进位信号 C_{i-1} 相加，即实现了 $A_i + B_i + C_{i-1}$ 二进制数的加法运算，所以称为全加器。其功能如真值表 4.4.1 所示。

表 4.4.1　全加器真值表

输　　入			输　　出	
A_i	B_i	C_{i-1}	S_i	C_i
0	0	0	0	0
0	0	1	1	0
0	1	0	1	0
0	1	1	0	1
1	0	0	1	0
1	0	1	0	1
1	1	0	0	1
1	1	1	1	1

全加器真值表 4.4.1 中，A_i、B_i 表示相加的两个 1 位二进制数，C_{i-1} 表示低位来的进位数，即 A_i、B_i、C_{i-1} 是全加器的输入；S_i 表示 $A_i + B_i + C_{i-1}$ 产生本位相加的数，C_i 表示进位数，即 S_i、C_i 是全加器的输出。

由真值表 4.4.1 可写出全加器的逻辑表达式

$$S_i = \overline{A_i}\,\overline{B_i}C_{i-1} + \overline{A_i}B_i\overline{C_{i-1}} + A_i\overline{B_i}\,\overline{C_{i-1}} + A_iB_iC_{i-1}$$
$$= A_i \oplus B_i \oplus C_{i-1}$$
$$C_i = \overline{A_i}B_iC_{i-1} + A_i\overline{B_i}C_{i-1} + A_iB_i\overline{C_{i-1}} + A_iB_iC_{i-1}$$
$$= A_iB_i + (A_i \oplus B_i)C_{i-1}$$

全加器的逻辑电路和逻辑符号如图 4.4.1 所示。

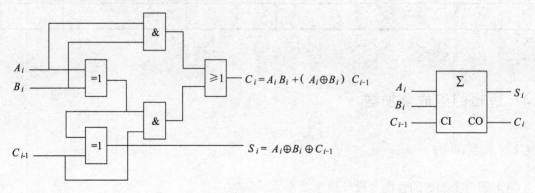

（a）全加器逻辑电路图　　　　　　　　　　　（b）全加器逻辑电路图的符号

图 4.4.1　全加器逻辑电路图与符号图

4.4.3　预习内容

（1）预习全加器的设计原理。

（2）预习全加器实验内容、步骤和电路图 4.4.2。

（3）撰写实验预习报告。

4.4.4　实验仪器、仪表和装置

实验仪器、仪表和装置包括：万用表、电子实验箱、逻辑门。

4.4.5　实验内容及步骤

（1）结合图 4.4.2（a）（b）（c）中所示异或门、或门和与门管脚示意图，按图 4.4.2（d）连接实验电路。

（2）按真值表 4.4.2 中 A_i、B_i、C_{i-1} 的状态要求，将操作图 4.4.2（d）中开关 J1、J2、J3 的状态（+5 V、地）及 LED 的测试结果（发光、不发光）填入表 4.4.2 中。

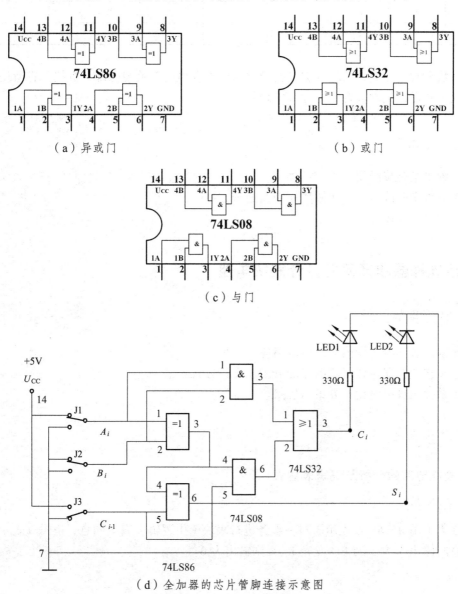

（a）异或门　　　　　　　　　　　　　（b）或门

（c）与门

（d）全加器的芯片管脚连接示意图

图 4.4.2　全加器实验电路图

表 4.4.2　全加器实验测试表

输　入			开关操作			输　出	
A_i	B_i	C_{i-1}	J1	J2	J3	LED1	LED2
0	0	0					
0	0	1					
0	1	0					
0	1	1					
1	0	0					
1	0	1					
1	1	0					
1	1	1					

（3）数据测量完成，测量数据经指导教师检查合格后，关闭电源，拆线。将所用的实验仪器、仪表及器件整理放置好，导线整理好。

4.4.6　实验报告

（1）画出实验接线图。
（2）分析实验故障，论述故障原因及处理方法。
（3）记录实验体会。

4.5　用选择器和译码器设计表决电路

4.5.1　实验目的

（1）掌握选择器、译码器组合电路应用原理。
（2）掌握选择器、译码器电路的分析、设计方式方法。
（3）掌握表决电路设计方案与思路。

4.5.2　实验原理

1. 表决电路的分析及逻辑表达式

1）表决项目

有 3 人（用 A、B、C 表示）对一事务进行表决（用逻辑 1 表示同意，逻辑 0 表示反对），多数同意时输出 Y 为 1（LED 发光），否则输出为 0。

2）真值表

根据表决项目任务要求，列出真值表 4.5.1。

表 4.5.1　3 人表决电路真值表

输　入			输　出
A	B	C	Y
0	0	0	0
0	0	1	0
0	1	0	0
0	1	1	1
1	0	0	0
1	0	1	1
1	1	0	1
1	1	1	1

3）逻辑表达式

$$Y = \overline{A}BC + A\overline{B}C + AB\overline{C} + ABC$$

2. 表决电路的设计图

1）用 8 选 1 选择器设计电路

$$Y = \overline{A}BC + A\overline{B}C + AB\overline{C} + ABC$$
$$= D_3 + D_5 + D_6 + D_7$$

则用 8 选 1 选择器 74LS151 实现 3 人表决逻辑功能如图 4.5.1（a）所示。

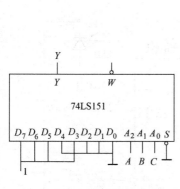

（a）8 选 1 选择器设计图

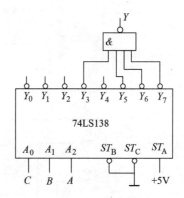

（b）3 线-8 线译码器设计图

图 4.5.1　用选择器、译码器分别设计的 3 人表决电路图

2）用 3 线 8 线译码器的设计电路

$$Y = \overline{A}BC + A\overline{B}C + AB\overline{C} + ABC$$
$$= Y_3 + Y_5 + Y_6 + Y_7 = \overline{\overline{Y_3 + Y_5 + Y_6 + Y_7}} = \overline{\overline{Y_3} \cdot \overline{Y_5} \cdot \overline{Y_6} \cdot \overline{Y_7}}$$

则用 3 线-8 线译码器 74LS138 实现其逻辑功能如图 4.5.1（b）所示。

4.5.3　预习内容

（1）预习全加器的基本概念和设计原理。
（2）预习实验内容、步骤和逻辑图 4.5.2。
（3）撰写实验预习报告。

4.5.4　实验仪器、仪表和装置

实验仪器、仪表和装置包括：万用表、电子实验箱、逻辑门。

4.5.5　实验内容及步骤

1. 8 选 1 选择器表决电路实验

（1）结合图 4.5.2（a）中所示 8 选 1 选择器管脚示意图，按图 4.5.2（b）连接实验电路。
（2）按真值表 4.5.2 中 A、B、C 的状态要求，将操作图 4.5.2（b）中开关 J1、J2、J3 的状态（ +5 V、地）及 LED 的测试结果（发光、不发光）填入表 4.5.2 中。

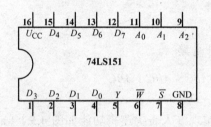

（a）8 选 1 选择器

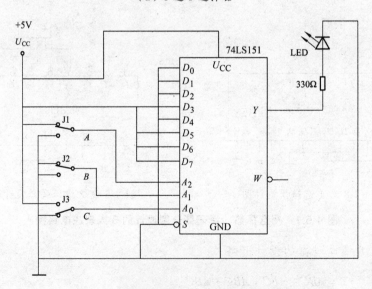

（b）由选择器组成的 3 人表决实验电路图

图 4.5.2　8 选 1 选择器设计的 3 人表决实验电路图

表 4.5.2　3 人表决实验测试表

输　　入			开关操作			输　　出
A	B	C	J1	J2	J3	LED
0	0	0				
0	0	1				
0	1	0				
0	1	1				
1	0	0				
1	0	1				
1	1	0				
1	1	1				

2. 3 线 8 线译码器表决电路实验

（1）结合图 4.5.3（a）（b）中所示 3 线 8 线译码器和与非门芯片管脚示意图，按图 4.5.3（c）连接实验电路。

（2）按真值表 4.5.3 中 A、B、C 的状态要求，将操作图 4.5.3（c）中开关 J1、J2、J3 状态（+5 V、地）及 LED 的测试结果（发光、不发光）填入表 4.5.3 中。

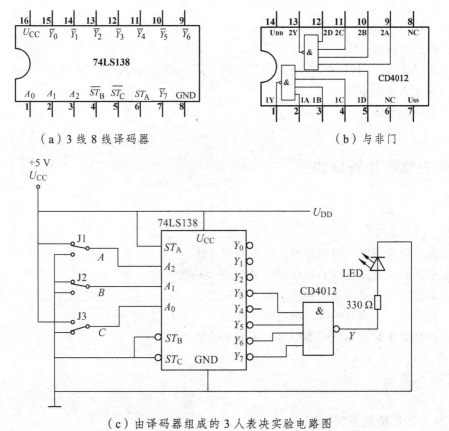

（a）3 线 8 线译码器　　　　　　　　　　　（b）与非门

（c）由译码器组成的 3 人表决实验电路图

图 4.5.3　3 线 8 线译码器设计的 3 人表决实验电路图

表 4.5.3　3 人表决实验测试表

输　入			开关操作			输　出
A	B	C	J1	J2	J3	LED
0	0	0				
0	0	1				
0	1	0				
0	1	1				
1	0	0				
1	0	1				
1	1	0				
1	1	1				

3.　测量完成后操作

数据测量完成，测量数据经指导教师检查合格后，关闭电源，拆线。将所用的实验仪器、仪表及器件整理放置好，导线整理好。

4.5.6　实验报告

（1）画出实验接线图。

（2）根据表 4.5.2 和表 4.5.3 实验结果，讨论同一项目的设计方案的不唯一性，并再画出一个不同的 3 人表决电路。

（3）记录实验体会。

4.6　智力竞赛抢答电路

4.6.1　实验目的

（1）熟悉组合逻辑电路的特点及一般分析方法。

（2）掌握四-D 锁存器 CD4042 的工作原理及功能。

（3）掌握智力竞赛抢答电路的功能及测试方法。

（4）提高学生检查及排除电路故障的能力。

（5）提高学生对逻辑电路的综合分析和实验能力。

4.6.2　实验原理

1. 智力竞赛抢答原理框图

能够实现智力竞赛抢答功能的方法和电路有很多，其中"抢答"电路的实现可分为两种：第一种方法是用锁存器（如 74LS175）将由优先编码器选出的抢答者锁定，同时控制电路将编码器置于禁止状态，禁止其他竞赛者抢答，如图 4.6.1 所示；第二种方法是直接用锁存器 CD4042 锁存抢答者，同时控制电路，禁止其他竞赛者抢答，如图 4.6.2 所示。本实验采用的是第二种方法。

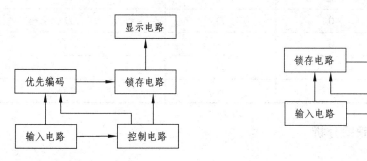

図 4.6.1　抢答器原理框图（1）　　　　　　図 4.6.2　抢答器原理框图（2）

根据要求不同，智力竞赛抢答器有很简单的电路，也有较复杂的电路。例如"显示电路"可用发光二极管或双向晶闸管控制电路来显示抢答者的信息（电路相对简单），也可用译码显示电路来显示抢答者的信息（电路相对复杂一些）。本实验采用发光二极管显示抢答者的信息。在此电路基础上，同学们可将其改设为一个用译码显示电路来显示抢答者信息的智力竞赛抢答器。

2. 四-D 锁存器 CD4042

1）CD4042 管脚

四-D 锁存器 CD4042 的管脚如图 4.6.3 所示，管脚引出端的功能符号分别表示：

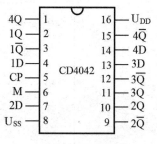

CP	时钟输入端；
$1D \sim 4D$	数据输入端；
M	时钟方式控制端；
$1Q \sim 4Q$	原码数据输出端；
$1\overline{Q} \sim 4\overline{Q}$	反码数据输出端；
U_{DD}	正电源；
U_{SS}	地。

图 4.6.3　管脚图

2）CD4042 工作原理

CD4042 逻辑电路如图 4.6.4 所示，逻辑图中包含了 4 四个锁存电路（即由 4 个 D 触发器组成），由 CP 同步时钟控制。当 $M = 0$、$CP = 0$ 或 $M = 1$、$CP = 1$ 时，输入端的数据 D 传送到输出端 Q；当 $M = 1$、$CP = 0$ 或 $M = 0$、$CP = 1$ 时，输出端的数据 Q 锁定，即不随输入端的数据 D 而改变，其功能如表 4.4.1 所示。

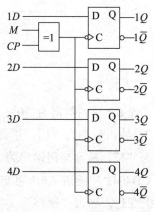

图 4.6.4　CD4042 逻辑电路图

表 4.6.1　CD4042 功能表

输入			输出
CP	M	D	Q
0	0	D	D
1	0	×	锁存
1	1	D	D
0	1	×	锁存

3. 智力竞赛抢答原理图分析

1）初始状态。

设如图 4.6.5 电路中，输入端的数据 $1D \sim 4D$ 均为"0"，按下复位开关 J，使时钟脉冲 CP 为"0"。因 M 端的数据也为"0"，根据 CD4042 功能表 4.6.1 可得，输入端的数据 D 传送到输出端 Q，即 $1Q \sim 4Q$ 输出均为"0"，$1\overline{Q} \sim 4\overline{Q}$ 输出均为"1"，松开复位开关 J。

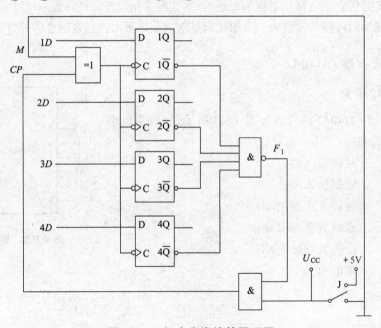

图 4.6.5　智力竞赛抢答原理图

2）抢答状态。

现 CP 端的数据为"0"，抢答开始，如 $3D$ 端先按下抢答器（按下抢答器的数据为"1"），则 $3Q$ 输出最先为"1"，并驱动显示电路；同时 $3\overline{Q}$ 端最先输出的数据为"0"，则与非门输出 F_1 为"1"，从而与门输出为"1"，即 CP 端由"0"变为"1"，将 $3Q$ 的状态锁存为"1"。根据 CD4042 功能表 4.6.1 可知，这时输入端的数据 D 无论怎样变化，其输出端的数据 Q 都不发生变化，称为"锁存"。

抢答完毕后，可通过按动复位开关 J 来为下一次的抢答做好准备。

4.6.3　预习内容

（1）预习四-D 锁存器 CD4042 的工作原理及功能。

（2）预习实验电路图 4.6.5 和图 4.6.6，拟定实验电路接线方案，分析 LED 的工作状态。

（3）撰写实验预习报告。

4.6.4　实验仪器、仪表和装置

实验仪器、仪表和装置包括：四-D 锁存器、与非门、与门、万用表、电子实验箱。

4.6.5　实验内容及步骤

按智力竞赛抢答逻辑电路图 4.6.6（c）接线，并进行实验。

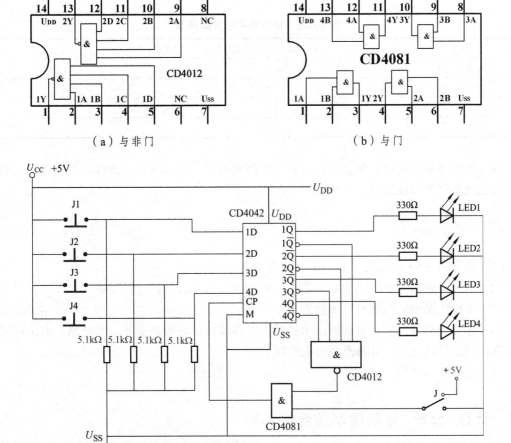

图 4.6.6　集成芯片和智力竞赛抢答逻辑电路实验图

（1）按"J"键，使开关 J 闭合。分别按动"J1""J2""J3""J4"键，观察发光二极管的输出，检测电路是否正确。

（2）按"J"键，使开关 J 闭合后再断开，准备抢答。先按下"J1"按键（闭合开关 J1），将观测结果记录于表 4.6.2 中；再分别按下"J2""J3""J4"按键（闭合开关），观察电路输出是否有变化，并记录于表 4.6.2 备注中。

（3）按"J"键，使开关 J 闭合后再断开，准备抢答。先按下"J2"按键（闭合开关 J2），将观测结果记录于表 4.6.2 中；再分别按下"J1""J3""J4"按键（闭合开关），观察电路输出是否有变化，并记录于表 4.6.2 备注中。

（4）按"J"键，使开关 J 闭合后再断开，准备抢答。先按下"J3"按键（闭合开关 J3），将观测结果记录于表 4.6.2 中；再分别按下"J1""J2""J4"按键（闭合开关），观察电路输出是否有变化，并记录于表 4.6.2 备注中。

（5）按"J"键，使开关 J 闭合后再断开，准备抢答。先按下"J4"按键（闭合开关 J4），将观测结果记录于表 4.6.23 中；再分别按下"J1""J2""J3"按键（闭合开关），观察电路输出是否有变化，并记录于表 4.6.2 备注中。

表 4.6.2　智力竞赛抢答测试表

开　关	LED1	LED2	LED3	LED4	备注
闭合开关 J1					
闭合开关 J2					
闭合开关 J3					
闭合开关 J4					

（6）数据测量完成后，测量数据经指导教师检查后，关闭电源，拆线。将所用的实验仪器、仪表及器件整理放置好，导线整理好。

4.6.6　实验报告

（1）简述图 4.6.6 的设计原理，并列出真值表。

（2）写出时钟脉冲 CP 的逻辑方程式，即：$CP = f(Q_0 、Q_1 、Q_2 、Q_3)$。

（3）分析实验中的问题及解决的方法。

（4）你能否设计一个具有数码显示并带有蜂鸣器提示的智力竞赛抢答电路，如果可以，请写明电路设计的原理，并画出逻辑电路图。

（5）记录实验体会。

4.7　计数–译码–数码显示综合性实验

4.7.1　实验目的

（1）了解中规模集成计数器 74LS290 的逻辑功能和使用方法。

（2）学习中规模集成显示译码器和数码显示器配套的使用方法。

4.7.2　实验原理

数字显示电路是许多数字仪器、仪表及设备不可缺少的部分。本实验将实现一个基本的数字显示电路功能，其电路主要是由计数器、译码器和 LED 七段数码显示器等部分组成，如图 4.7.1 所示。

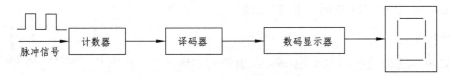

图 4.7.1　数字显示电路组成框图

1.　计数器 74LS290 工作原理

74LS290 是异步十进制计数器。其逻辑电路图如图 4.7.2 所示。它由 1 个 1 位二进制计数器和 1 个异步五进制计数器组成。

1）1 位二进制计数器

当图 4.7.2 所示电路以 CP_A 为计数脉冲的输入端, Q_0 端为输出端,则集成计数器 74LS290 的功能为二进制计数器。

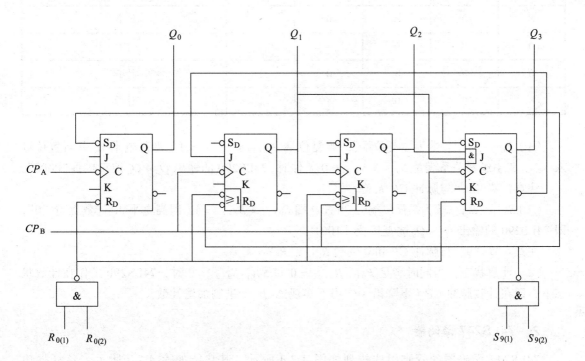

图 4.7.2　异步十进制计数器 74LS290 逻辑电路图

2）五进制计数器

当图 4.7.2 所示电路以 CP_B 为计数脉冲的输入端，$Q_3 \sim Q_1$ 端为输出端，则集成计数器 74LS290 的功能为五进制计数器。

3）十进制计数器

当图 4.7.2 所示电路中 CP_B 与 Q_0 相连后，CP_A 为计数脉冲的输入端，$Q_3 \sim Q_0$ 端为输出端，则集成计数器 74LS290 的功能为 8421BCD 码十进制计数器。

4）逻辑功能

74LS290 的逻辑功能如表 4.7.1 所示，其管脚引线排列如图 4.7.3 所示。由功能表 4.7.1 分析可知：

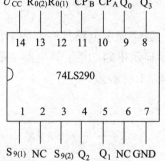

图 4.7.3　74LS290 管脚引线排列图

表 4.7.1　74LS290 的功能表

复位输入		置位输入		时钟	输出			
$R_{0(1)}$	$R_{0(2)}$	$S_{9(1)}$	$S_{9(2)}$	CP	Q_3	Q_2	Q_1	Q_0
1	1	0	×	×	0	0	0	0
		×	0	×	0	0	0	0
×	×	1	1	×	1	0	0	1
×	0	×	0	↓	计数			
0	×	×	0	↓	计数			
0	×	0	×	↓	计数			
×	0	0	×	↓	计数			

（1）$R_{0(1)}$、$R_{0(2)}$ 端为"复位端"。当复位端 $R_{0(1)} = R_{0(2)} = 1$（即高电平），并且置位输入 $S_{9(1)}$、$S_{9(2)}$ 逻辑关系满足 $S_{9(1)} = S_{9(2)} = 0$ 条件时，74LS290 的输出 $Q_3 \sim Q_0$ 被直接置"0000"。

注意：置"0"与脉冲 CP 无关。

（2）$S_{9(1)}$、$S_{9(2)}$ 端为"置位端"。当置 9 端 $S_{9(1)} = S_{9(2)} = 1$（即高电平），计数器置"9"，即 74LS290 的输出 $Q_3 \sim Q_0$ 被直接置"1001"。

注意：置"9"与脉冲 CP 和复位端 $R_{0(1)}$、$R_{0(2)}$ 无关。

（3）计数状态。当同时满足 $R_{0(1)} R_{0(2)} = 0$ 和 $S_{9(1)} S_{9(2)} = 0$ 时，74LS290 工作在计数状态下，即在计数脉冲 CP（下降沿）作用下实现二-五-十进制加法计数。

2．74LS247 译码器

74LS247 译码器的管脚引线排列如图 4.7.4 所示，其功能如表 4.7.2 所示。各管脚功能为：

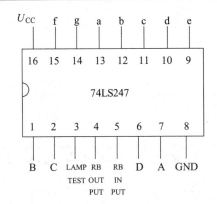

图 4.7.4　74LS247 译码器的管脚引线排列图

表 4.7.2　74LS247 译码器功能表

十进制数或功能	输　入						BI/RBO	输　出							字形
	LT	RBI	D	C	B	A		a	b	c	d	e	f	g	
消隐	×	×	×	×	×	×	0	1	1	1	1	1	1	1	全灭
测试	0	×	×	×	×	×	1	0	0	0	0	0	0	0	8
0	1	1	0	0	0	0	1	0	0	0	0	0	0	1	0
1	1	1	0	0	0	1	1	1	0	0	1	1	1	1	1
2	1	1	0	0	1	0	1	0	0	1	0	0	1	0	2
3	1	1	0	0	1	1	1	0	0	0	0	1	1	0	3
4	1	1	0	1	0	0	1	1	0	0	1	1	0	0	4
5	1	1	0	1	0	1	1	0	1	0	0	1	0	0	5
6	1	1	0	1	1	0	1	1	1	0	0	0	0	0	6
7	1	1	0	1	1	1	1	0	0	0	1	1	1	1	7
8	1	1	1	0	0	0	1	0	0	0	0	0	0	0	8
9	1	1	1	0	0	1	1	0	0	0	1	1	0	0	9

管脚 9 ~ 15（a ~ g）：输出端，低电平有效，可直接驱动 BS204 共阳极 LED 七段数码管，七段数码管如图 4.7.5 所示。

管脚 3（LT）：灯测试输入端（低电平有效）。

管脚 4（BI/RBO）：消隐输入端（低电平有效）。

管脚 5（RBI）：脉冲消隐输入端（低电平有效）。

管脚 7、1、2、6（A、B、C、D）：译码地址输入端，计数器的输出是译码地址的输入，如图 4.7.6 所示。

（1）当 BI 端输入端低电平时，输出端 a ~ g 全为高电平，BS201A 共阴极 LED 七段数码管全灭。

（2）当 BI 端输入端高电平，而 LT 端输入端低电平时，无论其他输入端是什么状态，输出端 a ~ g 全为低电平，BS201A 共阴极 LED 七段数码管显示字形 8，即测试显示器的好坏。

（3）当 BI 端、RBI 端、LT 端都为高电平时，74LS248 译码器正常工作。

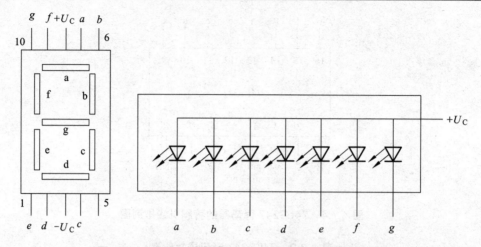

图 4.7.5 BS204 共阳极 LED 七段数码管外引线排列

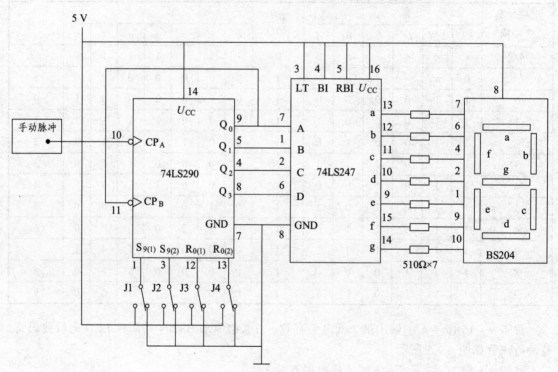

图 4.7.6 数字显示电路图

3. BS201A 共阴极 LED 七段数码管

由图 4.7.5 分析可得，当 $a \sim g$ 输入端有低电平时，则低电平输入端所对应的 LED 导通发光。例如 $a \sim g$ 输入端电平为 0000110，则 f、e 端输入为高电平使发光二极管灭，其余输入端为低电平而发光，显示字形为 "3"。

4. 数字显示电路

数字显示电路如图 4.7.6 所示。

（1）74LS290 接成十进制计数器（即输出端 $Q_3 \sim Q_0$ 为二进制数码 0000～1001），置 9 端和复位端分别接逻辑开关 J1～J4。

（2）74LS290 计数器的输出端 $Q_3 \sim Q_0$ 接 74LS247 译码器的译码地址输入端。

（3）74LS247 译码器的输出端 $a \sim g$ 驱动 BS204 共阳极 LED 七段数码管。中间串入的电阻（510 Ω 左右）为限流电阻。

（4）74LS290 计数器的时钟脉冲 CP 端接手动单次脉冲源。

4.7.3　预习内容

（1）阅读实验原理及内容，明确实验目的。
（2）熟悉本次实验使用的集成元件功能及外引线排列。
（3）预习实验内容、逻辑图和操作步骤。
（4）撰写实验预习报告。

4.7.4　实验仪器、仪表和装置

实验仪器、仪表和装置包括：万用表、函数发生器、电子实验箱、共阳 LED 七段数码管、74LS247 译码器、二-五-十进制计数器、BCD 七段显示译码器。

4.7.5　实验内容及步骤

1．十进制计数器功能测试

按图 4.7.7 电路接线，测试其"BCD 十进制计数器"功能。

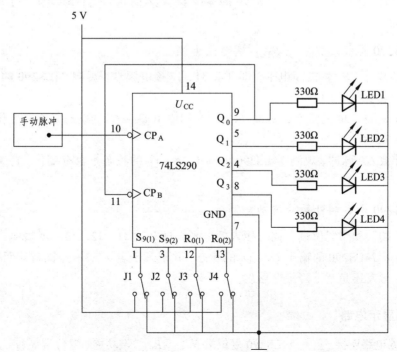

图 4.7.7　74LS290 计数器的十进制计数功能测试图

1）74LS290 复位端 $R_{0(1)}$、$R_{0(2)}$ 功能测试。

将复位端 $R_{0(1)}$、$R_{0(2)}$ 接高电平，即开关 J3、J4 接电源端；置位输入 $S_{9(1)}$、$S_{9(2)}$ 接低电平，即开关 J1、J2 接地。观测 74LS290 的输出 $Q_3 \sim Q_0$ 的状态，并记录于表 4.7.3 中。

表 4.7.3　十进制计数器功能测试数据表

复位输入		置位输入		时钟	输出			
$R_{0(1)}$	$R_{0(2)}$	$S_{9(1)}$	$S_{9(2)}$	CP	Q_3	Q_2	Q_1	Q_0
1	1	0	0					
1	1	1	1					
0	0	0	0					
0	0	0	0					
0	0	0	0					
0	0	0	0					
0	0	0	0					
0	0	0	0					
0	0	0	0					
0	0	0	0					
0	0	0	0					
0	0	0	0					

再加入计数 CP 脉冲，观测 74LS290 的输出 $Q_3 \sim Q_0$ 的状态是否有变化。将观测结果记录于表 4.7.3 中。

2）74LS290 置位端 $S_{9(1)}$、$S_{9(2)}$ 端功能测试

将置 9 端 $S_{9(1)}$、$S_{9(2)}$ 接高电平，即开关 J1、J2 接电源端，观测 74LS290 的输出 $Q_3 \sim Q_0$ 的状态，并记录于表 4.7.3 中。

再改变开关 J3、J4 的状态，观测 74LS290 的输出 $Q_3 \sim Q_0$ 的状态是否有变化。将观测结果记录于表 4.7.3 中。

再加入计数 CP 脉冲，观测 74LS290 的输出 $Q_3 \sim Q_0$ 的状态是否有变化。将观测结果记录于表 4.7.3 中。

3）74LS290 十进制计数状态功能测试

将"复位端"和"置位端"同时接入低电平，即开关 J1、J2、J3、J4 接地，观测在计数脉冲 CP 作用下 74LS290 的输出 $Q_3 \sim Q_0$ 的状态，并记录于表 4.7.3 中，同时注明计数脉冲 CP 是"上升沿"触发还是"下降沿"触发。

2. 数字显示电路

按图 4.7.6 电路连接。重复 74LS290 复位端 $R_{0(1)}$、$R_{0(2)}$ 端功能、置位端 $S_{9(1)}$、$S_{9(2)}$ 端功能、十进制计数状态功能的测试，并观测"数码管字形"的显示，将测试结果记录于表 4.7.4 中。

表 4.7.4　十进制计数器功能测试数据表

复位输入		置位输入		时钟	数码管
$R_{0(1)}$	$R_{0(2)}$	$S_{9(1)}$	$S_{9(2)}$	CP	字形
1	1	0	0		
1	1	1	1		
0	0	0	0		
0	0	0	0		
0	0	0	0		
0	0	0	0		
0	0	0	0		
0	0	0	0		
0	0	0	0		
0	0	0	0		
0	0	0	0		
0	0	0	0		

3. 测量结束后操作

数据测量完成，测量数据经指导教师检查合格后，关闭电源，拆线。将所用的实验仪器、仪表及器件整理放置好，导线整理好。

4.7.6　实验报告

（1）根据实验结果，画出数字显示电路复位端 $R_{0(1)}$、$R_{0(2)}$、置位端 $S_{9(1)}$、$S_{9(2)}$、计数脉冲 CP 及输出 $Q_3 \sim Q_0$ 的波形图。

（2）记录实验体会。

4.8　分频器

4.8.1　实验目的

（1）了解计数器的应用。

（2）掌握分频器电路的工作原理及分析方法。

（3）掌握分频器电路的工作状态表数据和时序波形图的测试方法。

（4）了解 M 进制计数器与分频器间的关系。

4.8.2　实验原理

1．分频器概念

计数器可以作为变频器，例如四进制计数器的周期 T_4 是计数 CP 脉冲周期 T_{CP} 的 4 倍（即 $T_4 = 4T_{CP}$），八进制计数器的周期 T_8 是计数 CP 脉冲周期 T_{CP} 的 8 倍（即 $T_8 = 8T_{CP}$）。也就说，计数器的频率 f 与计数脉冲 CP 的频率 f_{CP} 之间，存在一定的变化规律，即二进制计数器的频率为 $\frac{1}{2}f_{CP}$，四进制计数器的频率为 $\frac{1}{4}f_{CP}$，八进制计数器的频率为 $\frac{1}{8}f_{CP}$，所以计数器也可作为"分频器"应用，即八进制计数器又称为八分频器（简称"八分频"）。

M 进制计数器可作为 M 分频器，其中 M（整数）$\geqslant 2$。

2．双 JK 触发器 74LS112

双 JK 触发器 74LS112 的结构及引脚图如图 4.8.1 所示，其功能如表 4.8.1 所示。

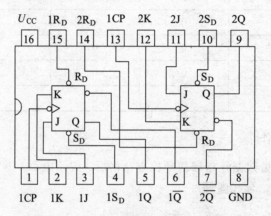

图 4.8.1　双 JK 触发器 74LS112 引脚图

表 4.8.1　JK 触发器功能表

输　入					输　出		功能说明
R_D	S_D	J	K	CP	Q^{n+1}	$\overline{Q}^{n+1}$	
0	1	×	×	×	0	1	状态直接置 0，即 $Q = 0$
1	0	×	×	×	1	0	状态直接置 1，即 $Q = 1$
1	1	0	0	↓	Q^n	$\overline{Q}^n$	保持原来状态不变，即 $Q^{n+1} = Q^n$
1	1	0	1	↓	0	1	CP 脉冲作用下，状态置 0，即 $Q^{n+1} = J$
1	1	1	0	↓	1	0	CP 脉冲作用下，状态置 1，即 $Q^{n+1} = J$
1	1	1	1	↓	$\overline{Q}^n$	Q^n	计数状态（翻转状态），即 $Q^{n+1} = \overline{Q}^n$
1	1	×	×	1	Q^n	$\overline{Q}^n$	保持状态不变，即 $Q = Q^n$
1	1	×	×	0	Q^n	$\overline{Q}^n$	保持状态不变，即 $Q = Q^n$
0	0	×	×	×	1	1	不允许

注意：

（1）CP 脉冲是下降沿触发。

（2）R_D 是低电平置位、S_D 是低电平复位，而且是直接使输出状态置位，不受 CP 脉冲的控制。

（3）当 $J \neq K$ 时，在 CP 脉冲下降沿的作用下输出状态置位，即 $Q^{n+1} = J$。

（4）当 CP 脉冲为"0"，或为"1"，或"上升沿"状态下时，JK 触发器的输出状态保持不变。

（5）R_D、S_D 不能同时为低电平。

（6）JK 触发器的特性方程为 $Q^{n+1} = J\overline{Q}^n + \overline{K}Q^n$。

3. 十分频器的逻辑电路分析

如图 4.8.2 所示电路为十分频器（即 8421BCD 码异步十进制计数器）的逻辑图。根据图 4.8.2 所示逻辑电路，可以写出各触发器的 CP 脉冲方程和驱动方程。

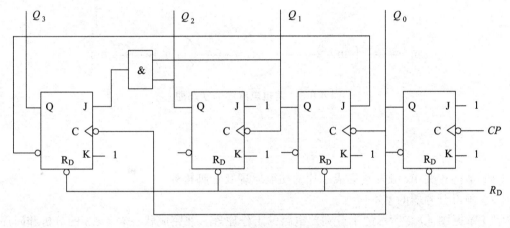

图 4.8.2 十分频器的逻辑电路图

CP 脉冲方程为

$$CP_0 = CP$$
$$CP_1 = Q_0$$
$$CP_2 = Q_1$$
$$CP_3 = Q_0$$

驱动方程为

$$J_0 = K_0 = 1$$
$$J_1 = \overline{Q}_3^n, \qquad K_1 = 1$$
$$J_2 = K_2 = 1$$
$$J_3 = Q_2^n \cdot Q_1^n, \qquad K_3 = 1$$

将上面的驱动方程代入 JK 触发器的特性方程 $Q^{n+1} = J\overline{Q}^n + \overline{K}Q^n$ 中，可以得到其逻辑电路的状态方程：

$$Q_0^{n+1} = \overline{Q}_0^n$$

$$Q_1^{n+1} = \overline{Q}_3^n \cdot \overline{Q}_1^n$$

$$Q_2^{n+1} = \overline{Q}_2^n$$

$$Q_3^{n+1} = \overline{Q}_3^n \cdot Q_2^n \cdot Q_1^n$$

由上面的 CP 方程和状态方程，可以列出逻辑电路的状态表；画出状态图 4.8.3 和时序波形图。

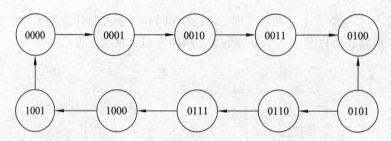

图 4.8.3　逻辑电路图的状态图

4.8.3　预习内容

（1）掌握相关 JK 触发器集成芯片的功能原理及管脚排列。

（2）预习分频器的基本概念。

（3）掌握图 4.8.2 所示的十分频器电路的工作原理，并完成状态表 4.8.3 的分析和时序图 4.8.6 的分析。

（4）预习十分频逻辑电路的状态测量过程及注意事项。

（5）预习十分频逻辑电路的时序图测量方法。

4.8.4　实验仪器、仪表和装置

实验仪器、仪表和装置包括：双踪示波器、函数发生器、电子实验箱、双 JK 触发器、二输入端四与门。

4.8.5　实验内容及步骤

1. 十分频逻辑电路状态测量

（1）按逻辑电路图 4.8.4 连接线路。

（2）将开关 J 接地，即 R_D 低电平置位，然后输入 CP 脉冲，通过 LED 观测每一个触发器 Q 的状态，并将其结果记录于表 4.8.2 中（即记录：原来状态、计数 CP 脉冲、现在状态、等效十进制数）。

（3）将开关 J 接电源，即 R_D 为高电平。

（4）输入计数 CP 脉冲，完成表 4.8.2 中原来状态、计数 CP 脉冲、现在状态、等效十进制数等数据的测试，并记录于表 4.8.2 中。

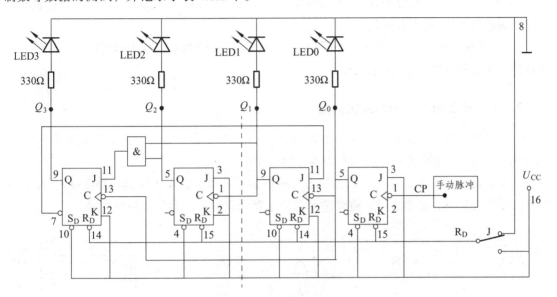

图 4.8.4　十分频逻辑电路的状态测量图

表 4.8.2　十分频逻辑电路状态测量表

序号	置位		原来状态				计数 CP 脉冲				现在状态				等效十进制数
	R_D	S_D	Q_3^n	Q_2^n	Q_1^n	Q_0^n	CP_3	CP_2	CP_1	CP_0	Q_3^{n+1}	Q_2^{n+1}	Q_1^{n+1}	Q_0^{n+1}	
1	0	1													
2	1	1													
3	1	1													
4	1	1													
5	1	1													
6	1	1													
7	1	1													
8	1	1													
9	1	1													
10	1	1													
11	1	1													
12	1	1													

注意：

① 输入计数 CP 脉冲是什么沿触发。用"↓"表示下降沿触发；用"↑"表示上升沿触发；用"0"表示无触发沿产生。

② LED 不仅反映了触发器输出状态 Q 的变化情况，同时还反映了另一个触发器 CP 脉冲的触发沿的情况。

③ 不断重复上面实验步骤（4）的操作，记录每一个计数 CP 脉冲作用下的数据及状态情况，完成表 4.8.2 的实验测量。

④ 在逻辑电路图 4.8.4 连接没问题的条件下，如果实验测量过程中出现问题，注意必须重新从上面实验步骤（2）开始操作。

2. 十分频逻辑电路的时序图测量

（1）调节函数发生器输出电压为 1 V，选择输出波形为脉冲信号，在逻辑电路图 4.8.4 连接基础上，将 CP 脉冲改接为函数发生器。如图 4.8.5 所示。

（2）接通双踪示波器电源，预置好各开关旋钮，将示波器接入实验电路图 4.8.5 中，观察其波形是否失真，如果失真，则调节函数发生器和双踪示波器的相关参数值。

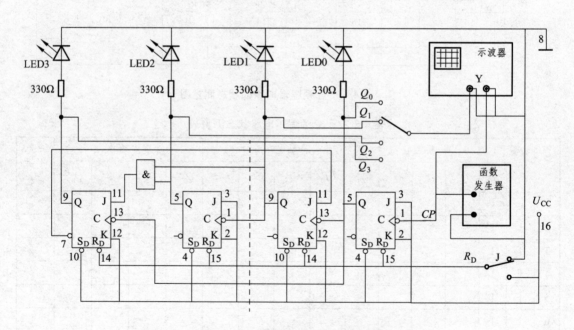

图 4.8.5　十分频逻辑电路的时序图电路图

（3）将图 4.8.5 所示开关 J 接地，即 R_D 低电平置位，用示波器分别观察 $Q_3 \sim Q_0$ 的波形图和 LED 的状态，并记录绘制于图 4.8.6 中。

（4）将开关 J 接电源，即 R_D 为高电平，用示波器分别观察 $Q_3 \sim Q_0$ 的波形图与 CP 脉冲波形所对应的关系，并完成十分频逻辑电路的时序图的测量。

图 4.8.6　十分频逻辑电路的时序图

3. 测量结束后操作

数据测量完成，测量数据经指导教师检查合格后，关闭电源，拆线。将所用的实验仪器、仪表及器件整理放置好，导线整理好。

4.8.6　实验报告

（1）分析分频器与计数器有何差异，M 进制的计数器是几分频的分频器？

（2）分析实验测量十分频逻辑电路的时序图 4.8.6，在十分频逻辑电路中，同时还具有哪些分频器功能？其所对应的输出端是什么？

（3）实验中有无故障？如果有，是怎样处理的？

（4）记录实验体会。

第 5 章　基于 Multisim 的电路仿真

EDA 工具层出不穷，其中用于电子电路仿真的 EDA 软件主要有 PSPICE、EWB、MATLAB、SYSTEMVIEW、MMICAD 等。应用仿真软件参与设计，克服了传统的电子产品设计受实验室客观条件限制的局限性。用虚拟元器件搭建各种电路、用虚拟仪表测试各种参数和性能指标，大大地提高了产品开发的效率。下面主要介绍 EWB 仿真软件。

5.1　Multisim 仿真软件

5.1.1　概　述

电子工作台（Electronics Workbench，EWB）是由加拿大 IIT（Interactive Image Technologies）公司在 20 世纪 90 年代初推出的专门用于电子电路设计与仿真的软件，又称为"虚拟电子工作台"，主要用于模拟和数字电路的仿真。从 EWB6.0 版本开始，将专用于电路仿真与设计的模块更名为 Multisim，意为"万能仿真"。相对其他的 EDA 软件来说，Multisim 还提供了万用表、示波器、信号发生器等多种虚拟仪器、仪表。

5.1.2　Multisim 的特点

与其他的电路仿真软件相比，EWB 具有以下特点。

1. 系统集成度高，界面直观，操作方便

Multisim 软件把电路图的创建、电路的测试分析和仿真结果等内容都集成到一个电路窗口。操作界面就像一个试验平台。创建电路所需的元器件、仿真电路所需的测试仪器均可以直接从电路窗口中选取，并且这些虚拟元器件、仪器、仪表与实物的外形几乎完全相同，仪器的操作开关、按键与实际仪器也极为相似。

2. 具备模拟、数字及模拟/数字混合电路的仿真

在电路窗口中既可以对模拟或者数字电路进行仿真，还可以对模拟数字混合电路进行仿真。

3. 提供了丰富的元件库

Multisim 的元件库提供数千种类型的元器件及各类元件的理想参数。用户甚至可以根据需要自行修改参数或者创建新的元件。

4. 电路分析手段完备

Multisim 除了提供常用的测试仪表对仿真电路进行测试外，还提供了电路的直流工作点分析、瞬态分析、傅立叶分析、噪声分析和失真分析等 18 种常用的分析方法。这些分析方法基本能够满足常用的电子电路的分析和设计要求。

5. 输出方式灵活

对电路进行仿真时，它可以储存测试点的数据、测试仪器的工作状态、显示波形以及电路元件的统计清单等内容，便于分析使用。

6. 兼容性好

Multisim 的元件库与 SPICE 的元件库完全兼容，电路文件可以直接输出到常见印制板设计软件中，如 Protel、OrCAD 等。

5.1.3　Multisim 的结构

Multisim 软件由五部分组成：输入模块、器件模型处理模块、分析模块、虚拟仪器模块、后续处理模块。各部分功能如下：

（1）输入模块：用户以图形方式输入电路图。

（2）器件模型处理模块：Multisim 软件提供了丰富的元件库，并且可以对元器件的属性进行编辑，还可以创建新的元件。

（3）分析模块：Multisim 软件共有近 20 种分析方法，分析方法比较丰富。除了具有 SPICE 的基本分析方法外，还有一些独有的分析方法，如零极点分析等。

（4）虚拟仪器模块：该模块是 Multisim 软件最有特色的部分。虚拟仪器种类多，使用操作方便。

（5）后续处理模块：该模块可以进行电路分析结果的后续处理，包括与多种软件的转换。其中分析模块和虚拟仪器构成了强大的分析与仿真功能。

下面主要以 Multisim 版本为例介绍其仿真功能。

5.2　Multisim 的基础知识

5.2.1　Multisim 的基本界面

1. 主界面

Multisim 主界面如图 5.2.1 所示。

Multisim 的用户界面主要由菜单栏（Menu Bar）、标准工具栏（Standard toolbar）、使用的元件列表（In Use list）、仿真开关（Simulation Switch）、图形注释工具栏（Graphic Annotation Toolbar）、项目栏（Project Bar）、元件工具栏（Component Toolbar）、虚拟工具栏（Virtual Toolbar）、电路窗口（Circuit Windows）、仪表工具栏（Instruments Toolbar）、电路标签（Circuit

Tab）、状态栏（Status Bar）和电路元件属性视窗（Spreadsheet View）等组成。

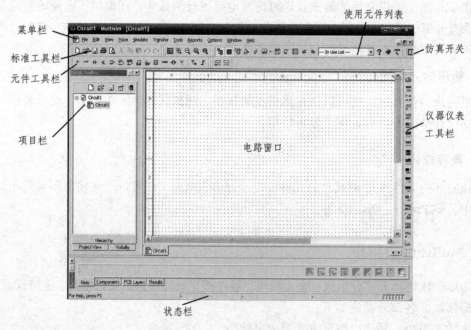

图 5.2.1　主界面

2. 菜单栏

与其他 Windows 应用程序相似，Multisim 软件的菜单栏提供了绝大多数的功能命令，如图 5.2.2 所示。

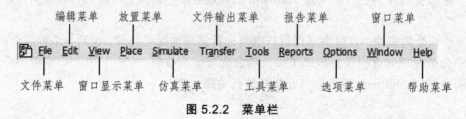

图 5.2.2　菜单栏

菜单栏共 11 个主菜单。菜单中有一些与大多数 Windows 平台上的应用软件一致的功能选项，如 File、Edit、View、Options、Help 等。此外，还有一些 EDA 软件专用的选项，如 Place、Simulate、Transfer 以及 Tools 等。下面对菜单栏逐项进行介绍。

1）File 菜单

File 菜单用于 Multisim 所创建电路文件的管理，如图 5.2.3 所示。其命令与 Windows 下的其他应用软件基本相同，如表 5.2.1 所示。

2）Edit 菜单

Edit 菜单如图 5.2.4 所示，主要对电路窗口中的电路或元件进行删除、复制或选择等操作，如表 5.2.2 所示。

图 5.2.3　File 菜单

表 5.2.1　File 菜单

命　令	功　能
New	建立新文件
Open	打开文件
Open Samples	打开实例
Close	关闭当前文件
Close All	关闭所有文件
Save	保存
Save As	另存为
Save All	保存所有文件
New Project	建立新项目
Open Project	打开项目
Save Project	保存当前项目
Close Project	关闭项目
Version Control	版本管理
Print	打印
Print Preview	打印预览
Print Options	打印操作
Recent Circuits	最近编辑过的电路
Recent Projects	最近编辑过的项目
Exit	退出 Multisim

表 5.2.2　Edit 菜单

命　令	功　能
Undo	撤销编辑
Redo	重做
Cut	剪切
Copy	复制
Paste	粘贴
Delete	删除
Select All	全选
Delete Multi-Page	删除多页
Paste as Subcircuit	作为子电路粘贴
Find	查找
Comment	注释
Graphic Annotation	绘图注释
Order	叠放顺序
Assign to Layer	指定层
Layer Settings	设置层
Title Block Position	标题模块位置
Orientation	方向调整
Edit Symbol/Title Block	编辑符号/标题模块
Font	字体
Properties	属性

图 5.2.4　Edit 菜单

3）View 菜单

View 菜单如图 5.2.5 所示，用于显示或隐藏电路窗口中的某些内容（如工具栏、栅格、纸张边界等），如表 5.2.3 所示。

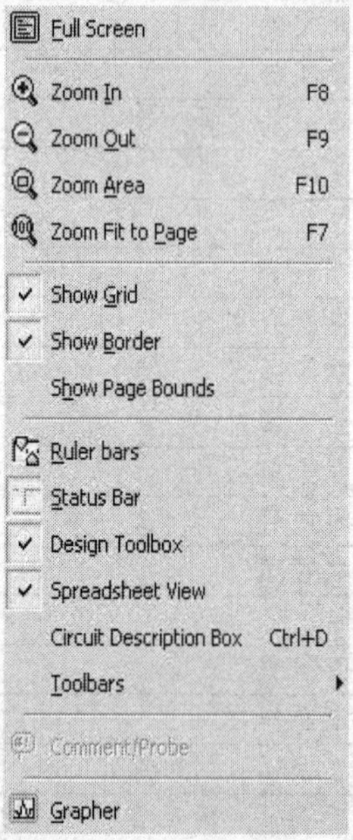

图 5.2.5　View 菜单

表 5.2.3　View 菜单

命　令	功　能
Full Screen	全屏
Zoom In	放大显示
Zoom Out	缩小显示
Zoom Area	按区域放大
Zoom Fit to Page	按页放大
Show Grid	显示栅格
Show Border	显示边框
Show Page Bounds	显示页边界
Ruler bars	标尺栏
Status Bar	显示状态栏
Design Toolbox	设计工具箱
Spreadsheet View	电子数据表
Circuit Description Box	电路设计窗口
Toolbars	显示工具栏
Comment/Probe	注释/探针
Grapher	绘图器

4）Place 菜单

Place 菜单如图 5.2.6 所示，用于在电路窗口中放置元件、节点、总线、文本或图形等，如表 5.2.4 所示。

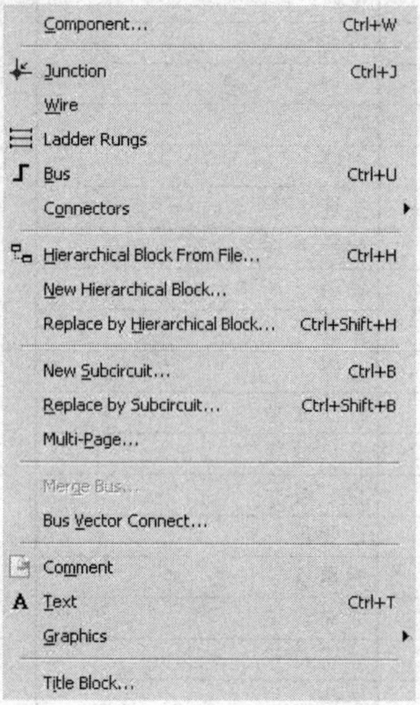

图 5.2.6　Place 菜单

表 5.2.4　Place 菜单

命　令	功　能
Component	元器件
Junction	连接点
Wire	导线
Ladder Rungs	梯形图
Bus	总线
Connectors	连接器
Hierarchical Block From File	文件层次模块
New Hierarchical Block	新层次模块
Replace By Hierarchical Block	层次模块替换
New Subcircuit	新子电路
Replace by Subcircuit	子电路替代
Multi-Page	多页
Merge Bus	合并总线
Bus Vector Connect	总线矢量连接
Comment	注释
Text	文字
Graphics	绘图工具
Title Block	标题模块

5）Simulate 菜单

Simulate 菜单如图 5.2.7 所示，主要用于仿真的设置与操作，如表 5.2.5 所示。

图 5.2.7　Simulate 菜单

表 5.2.5　Simulate 菜单

命　令	功　能
Run	执行仿真
Pause	暂停仿真
Instruments	虚拟仪器
Interactive Simulation Settings	交互仿真设置
Digital Simulation Settings	设定数字仿真参数
Analyses	选用各项分析功能
Postprocessor	启用后处理
Simulation Error Log/Audit Trail	仿真错误报告
XSpice Command Line Interface	XSpice 命令行
Load Simulation Settings	加载仿真设置
Save Simulation Settings	保存仿真设置
Auto Fault Option	自动设置故障选项
VHDL Simulation	VHDL 仿真
Probe Properties	探针属性
Reverse Probe Direction	交换探针方向
Clear Instrument Data	清除仪器数据
Global Component Tolerances	设置所有器件的误差

Multisim 提供了 18 种基本仿真分析方法。单击 Simulate 菜单，在下拉菜单中选择 Analyses 命令，将出现 18 种基本仿真分析法，各名称如图 5.2.8 所示，功能如表 5.2.6 所示。

图 5.2.8　Analyses 工具栏

表 5.2.6　Analyses 工具栏

命　令	功　能
DC Operating Point	直流工作点分析
AC Analysis	交流分析
Transient Analysis	暂态分析
Fourier Analysis	傅立叶分析
Noise Analysis	噪声分析
Noise Figure Analysis	噪声系数分析
Distortion Analysis	失真分析
DC Sweep	直流扫描分析
Sensitivity	灵敏度分析
Parameter Sweep	参数扫描分析
Temperature Sweep	温度扫描分析
Pole Zero	零极点分析
Transfer Function	传递函数分析
Worst Case	最坏情况分析
Monte Carlo	蒙特卡罗分析
Trace Width Analysis	扫描幅度分析
Batched Analysis	批处理分析
User Defined Analysis	用户自定义分析
Stop Analysis	停止分析
RF Analyses	射频分析

6）Transfer 菜单

Transfer 菜单如图 5.2.9 所示，用于将 Multisim 的电路文件或仿真结果输出到其他应用软件，详细功能如表 5.2.7 所示。

图 5.2.9　Transfer 菜单

表 5.2.7　Transfer 菜单

命　令	功　能
Transfer to Ultiboard	将所设计的电路图转换为 Ultiboard 的文件格式
Transfer to other PCB Layout	将所设计的电路图转换为其他的电路板文件格式
Forward Annotate to Ultiboard	将修改标记到 Ultiboard
Backannotate from Ultiboard	Ultiboard 中的修改标记到正在编辑的电路中
Highlight Selection in Ultiboard	在 Ultiboard 高亮显示
Export Netlist	输出电路网表文件

7）Tools 菜单

Tools 菜单如图 5.2.10 所示，用于编辑或管理元件库或元件，功能如表 5.2.8 所示。

图 5.2.10　Tools 菜单

表 5.2.8　Tools 菜单

命　令	功　能
Component Wizard	元器件向导
Database	数据库
Variant Manager	变量管理器
Set Active Variant	设置活动变量
555 Timer Wizard	555 定时器向导
Filter Wizard	滤波器向导
CE BJT Amplifier Wizard	共射极放大器向导
Rename/Renumber Components	重命名元器件
Replace Component	置换元器件
Update Component	更新元器件
Electrical　Rules Check	电气规则检查
Clear ERC Markers	清除 ERC 标志
Title Block Editor	标题栏编辑器
Description Box Editor	说明工具箱编辑器
Edit Labels	编辑标签
Capture　Screen Area	抓屏区域
Internet Design Sharing	网络共享
Education Web Page	访问 EWB 网页
EDAparts. com	访问 EDAparts.com 网站
Show Breadboard	显示面包板
Rebuild mapping table	重建规划表
Multisection Component Check	多选元件检查

8）Reports 菜单

Reports 菜单如图 5.2.11 所示，用于产生当前电路的各种报告，功能如表 5.2.9 所示。

Bill of Materials

Component Detail Report

Netlist Report

Cross Reference Report

Schematic Statistics

Spare Gates Report

图 5.2.11　Reports 菜单

表 5.2.9　Reports 菜单

命　　令	功　　能
Bill of Materials	元件清单
Component Detail Report	元件详细报告
Netlist Report	网络表报告
Cross Reference Report	参考报告
Schematic Statistics	原理图统计表
Spare Gates Report	剩余门报告

9）Options 菜单

Options 菜单如图 5.2.12 所示，用于定制电路的界面和某些功能的设置，功能如表 5.2.10 所示。

Global Preferences...

Sheet Properties...

Global Restrictions...

Circuit Restrictions...

Simplified Version

Customize User Interface...

图 5.2.12　Options 菜单

表 5.2.10　Options 菜单

命　　令	功　　能
Global references	全局参数
Sheet Properties	表格属性
Global Restrictions	设定软件整体环境参数
Circuit Restrictions	设定编辑电路的环境参数
Simplified Version	设置简化版本
Customize User Interface	定制用户界面

10）Window 菜单

Window 菜单如图 5.2.13 所示，用于控制 Multisim 窗口的显示，并列出所有被打开的文件，功能如表 5.2.11 所示。

New Window

Cascade

Tile Horizontal

Tile Vertical

Close All

Windows...

1 Circuit1

图 5.2.13　Window 菜单

表 5.2.11　Window 菜单

命　　令	功　　能
New Window	新建窗口
Cascade	层叠式样
Tile Horizontal	水平平铺
Tile Vertical	垂直平铺
Close All	关闭所有窗口
Windows	显示窗口
1 circuit1	已打开文件

11）Help 菜单

Help 菜单如图 5.2.14 所示，为用户提供在线技术帮助和使用指导，功能如表 5.2.12 所示。

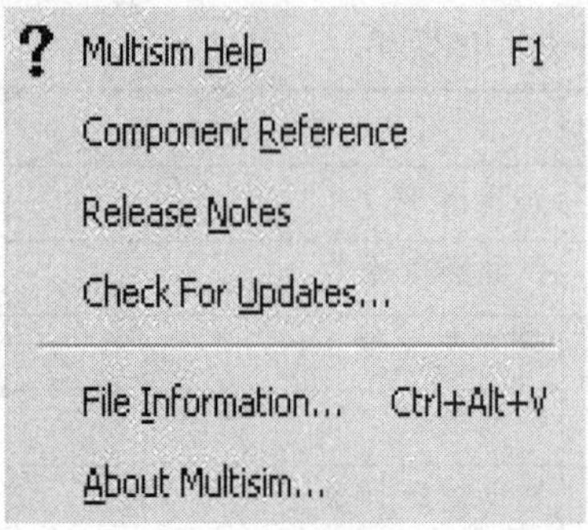

? Multisim Help   F1
  Component Reference
  Release Notes
  Check For Updates...

  File Information...   Ctrl+Alt+V
  About Multisim...

图 5.2.14　Help 菜单

表 5.2.12　Help 菜单

命　令	功　能
Multisim Help	Multisim 帮助文件
Component Reference	元件参数
Release Notes	Multisim 的发行申明
Check For Updates	升级检查
File Information	文件信息
About Multisim	Multisim 的版本说明

5.2.2　工具栏

Multisim 提供了多种工具栏，并以层次化的模式加以管理，用户可以通过 View 菜单中的选项方便地将顶层的工具栏打开或关闭，再通过顶层工具栏中的按钮来管理和控制下层的工具栏。通过工具栏，用户可以方便直接地使用软件的各项功能。

1. 标准工具栏

标准工具栏提供了 Multisim 的基本功能，如图 5.2.15 所示。标准工具栏包含了常见的文件操作和编辑操作。

图 5.2.15　标准工具栏

2. 视图（View）工具栏

View 工具栏提供了视图选择功能，如图 5.2.16 所示。视图工具栏包含了放大、缩小、100%放大、全屏显示等功能。

图 5.2.16　View 工具栏

3. 主要（Main）工具栏

Main 工具栏如图 5.2.17 所示。

图 5.2.17　Main 工具栏

层次项目按钮（Show or Hide the Design Toolbox）：用于显示或隐藏层次项目栏；

层次电子数据表按钮（Show or Hide the Spreadsheet Bar）：用于开关当前电路的电子数据表；

数据库按钮（Databasa Manager）：用于开启数据库管理对话框，以便对元件进行编辑；

元件编辑器按钮（Create Component）：用于调整、增加或创建新元件；

仿真（Run/Stop the Simulation）：开始或结束电路仿真，也可通过"F5"键实现该功能；

图形编辑器/分析按钮（Grapher/Analysis）：在出现的下拉菜单中可选择将要进行的分析方法；

后分析按钮（Postprocessor）：用于进行对仿真结果的进一步操作；

电气性能测试（Electrical Rules Checking）；

打开 Ultiboard Log File；

打开 Ultiboard 7 PCB；

帮助按钮，也可通过快捷键"F1"实现，其功能与 Help 菜单中的帮助相同；

--- In Use List --- 当前所使用的所有元件列表。

4. 元件（Components）工具栏

Multisim 把所有的元件分成 13 类库，再加上放置分层模块、总线。Components（元件）工具栏如图 5.2.18 所示。

图 5.2.18　Components 工具栏

电源按钮（Source）；

基本元件按钮（Basic）；

二极管按钮（Diode）；

晶体管按钮（Transistor）；

模拟元件按钮（Analog）；

TTL 元件按钮（TTL）；

CMOS 元件按钮（CMOS）；

其他数字元件按钮（Miscellaneous Digital）；

模数混合元件按钮（Mixed）；

指示器按钮（Indicator）；

混合项元件库按钮（Miscellaneous）；

电机元件按钮（Electromechanical）；

射频元件按钮（RF）；

设置层次栏按钮（Place Hierarchical Block）；

放置总线按钮（Place Bus）。

单击每个元件库按钮都会显示出元件库界面，以电源按钮为例，打开电源元件库，如图 5.2.19 所示。

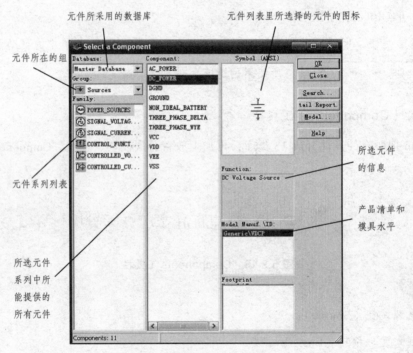

图 5.2.19　电源文件库

注意：在元件组界面中，主数据库（Master Database）是默认的数据库，如果希望从 Corporate Database 或者 User Database 中选择一个元件，必须单击数据库下拉菜单中的数据库，并选择一个元件。一旦数据库发生了改变，其后的元件放置都将保存为改变后的数据。

5. 仪器（Instrument）工具栏

Multisim 提供了 19 种仪表，仪表工具栏通常位于电路窗口的右边，也可以用鼠标将其拖至菜单的下方，Instrument（仪表）工具栏如图 5.2.20 所示。

图 5.2.20　Instrument 工具栏

参考本书 5.5 节"虚拟仿真仪器"，该章节介绍了图 5.2.20 中的每一种仪器、仪表。

6. 虚拟元件工具栏

为了仿真方便，Multisim 还提供了各种虚拟元件，虚拟元件工具栏如图 5.2.21 所示。虚拟元件工具栏由 8 个按钮组成，单击每个按钮可以打开相应的工具栏，利用工具栏可以放置各种虚拟元件。

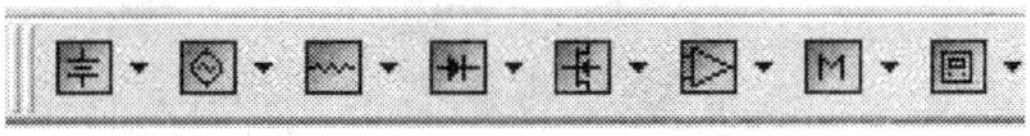

图 5.2.21　虚拟元件工具栏

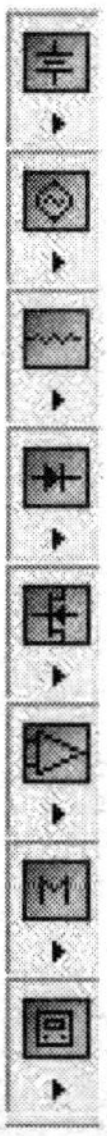

电源元件工具栏（Power Source Components Bar）；

信号源元件工具栏（Signal Source Components Bar）；

基本元件工具栏（Basic Components Bar）；

二极管元件工具栏（Diodes Components Bar）；

晶体管元件工具栏（Transistors Components Bar）；

模拟元件工具栏（Analog Components Bar）；

其他元件工具栏（Miscellaneous Components Bar）；

额定元件工具栏（Rated Components Bar）。

如果需要任意更改元件参数，可以选择虚拟器件。选择菜单 View/Toolbars/Virtual 即会弹出虚拟仪器工具栏。

7. 电源按钮（Power Source Components Bar）工具栏

电源按钮工具栏如图 5.2.22 所示。

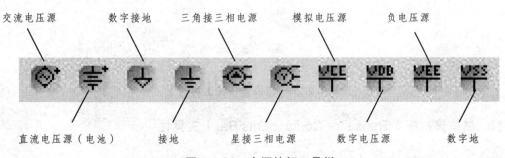

图 5.2.22　电源按钮工具栏

8. 信号源按钮（Signal Source Components Bar）工具栏

信号源按钮工具栏如图 5.2.23 所示。

图 5.2.23　信号源按钮工具栏

交流电流源；　　　　　直流电流源；　　　　　分段线性电流源；

交流电压源；　　　　　指数电流电流源；　　　　分段线性电压源；

调幅电压源；　　　　　指数电压电流源；　　　　脉冲电流源；

时钟脉冲电流源；　　　调频电流源；　　　　　　脉冲电压源；

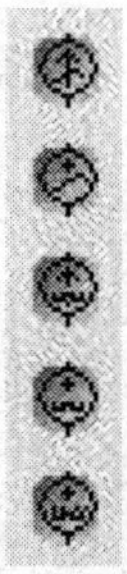

时钟脉冲电压源；　　　调频电压源；　　　　　　白噪声电压源。

9. 基本元件按钮（Basic Components Bar）工具栏

基本元件按钮工具栏如图 5.2.24 所示。

图 5.2.24　基本元件按钮工具栏

电容器；　　　　　　　继电器；　　　　　　　电源变压器；

无芯线圈；　　　　　　继电器；　　　　　　　变压器；

理想感应器；　　　　　磁性继电器；　　　　　可变电容器；

磁芯线圈；　　　　　　电阻；　　　　　　　　可变电感线圈；

非线性变压器；　　　　音频变压器；　　　　　上拉电阻；

电位器；　　　　　　　Misc 变压器；　　　　　压控电阻。

10. 二极管按钮（Diodes Components Bar）工具栏

二极管工具栏如图 5.2.25 所示。二极管工具栏包含了两种二极管：普通二极管和稳压二极管。

图 5.2.25　二极管按钮工具栏

11. 晶体管按钮（Transistor Components Bar）工具栏

晶体管按钮工具栏如图 5.2.26 所示。

图 5.2.26　晶体管按钮工具栏

12.　模拟元件按钮（Analog Components Bar）工具栏

模拟元件按钮工具栏如图 5.2.27 所示。三个按钮
分别为限流器、3 端理想运算放大器、5 端理想运算放
大器。

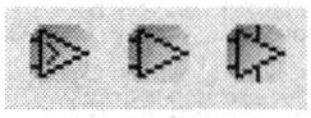

图 5.2.27　模拟元件按钮工具栏

13.　杂列元件按钮（Miscellaneous Components Bar）工具栏

杂列元件按钮工具栏如图 5.2.28 所示。

图 5.2.28　杂列元件按钮工具栏

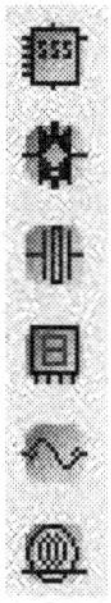

555 定时器；		单稳态虚拟器件；	
四千门系列集成电路系统；		直流电动机；	
晶体振荡器；		光耦器件；	
七段数码管；		锁相环；	
保险丝；		七段译码显示管；	
指示灯；		七段译码显示管。	

14.　测量元件按钮（Measurement Components Bar）工具栏

测量元件按钮工具栏如图 5.2.29 所示。

图 5.2.29　测量元件按钮工具栏

15.　额定虚拟元件按钮（Rated Virtual Components Bar）工具栏

额定虚拟元件按钮工具栏如图 5.2.30 所示。

图 5.2.30　额定虚拟按钮工具栏

额定虚拟元件按钮工具栏从左到右依次是 NPN 三极管、PNP 三极管、电容、二极管、
电感、电动机、3 种继电器和电阻。

16. 3 维元件按钮（3D Components Bar）工具栏

3 维元件按钮工具栏如图 5.2.31 所示。

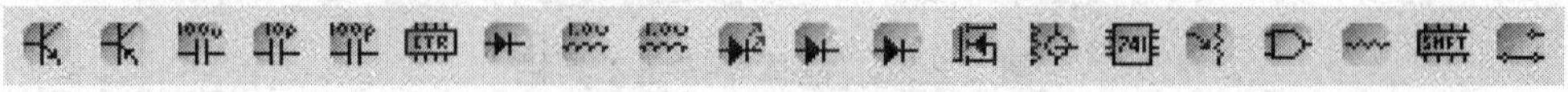

图 5.2.31　3D 元件按钮工具栏

3 维元件按钮工具栏从左到右依次是 NPN 三极管、PNP 三极管、100 μ电容、10 p 电容、100 p 电容、十进制计数器、二极管、2 种电感、3 种发光二极管（仅颜色不同）、场效应晶体管、直流电动机、理想运放、可变电阻、与非门、电阻和移位寄存器。

其他有关的菜单及工具栏可以查询在线技术帮助和使用指导，此处不再介绍。

5.3　Multisim 的基本操作

对 Multisim 的基本界面和常用功能有了了解之后，下面将通过具体的仿真实例逐步介绍其使用方法。

5.3.1　操作实例：戴维南定理

戴维南定理：

对于线性有源的二端网络，均可用实际理想电压源串电阻进行等效替换。

要求：

（1）理想电压源的电压为此二端网络的开路电压。

（2）串联电阻应为此二端网络两端的等效电阻。

下面借助 Multisim 来验证戴维南定理。

1. 打开、新建和保存

首先打开 Multisim 应用程序，打开如图 5.3.1 所示的主界面。

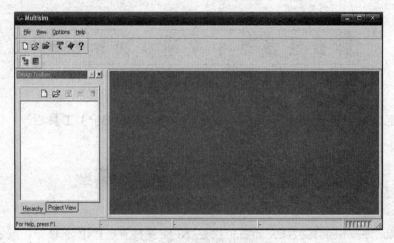

图 5.3.1　Multisim 主界面

新建文件：File 下拉菜单中选择 New 命令（或点击标准工具栏中的"新建"图标），此时 Multisim 会自动将新建文件命名为 Circuit1，显示界面如图 5.3.2 所示。

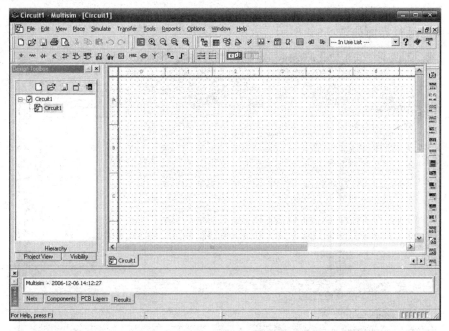

图 5.3.2 Circuit1 界面

若想要改变文件名，可以用下面的保存方法。

文件保存：点击 File 下拉菜单，选择 Save 命令（或点击标准工具栏中的"保存"按钮）即可保存文件。对于新建文件，保存时会弹出保存对话框，如图 5.3.3 所示。

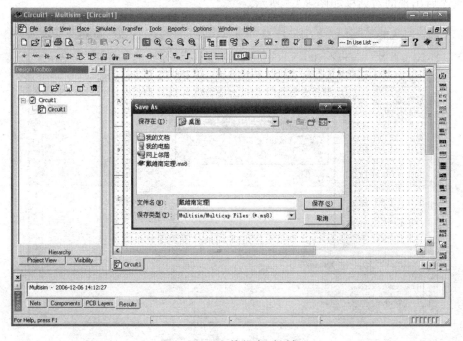

图 5.3.3 文件保存对话框

　　通过此对话框，可以改变新建文件名，还可以根据设计要求将新建文件保存到指定位置。此处，我们将文件名改为"戴维南定理"，保存位置为"桌面"。点击"保存"，将在桌面上建立了一个"戴维南定理"的文件。

　　保存后的运行界面如图 5.3.4 所示。

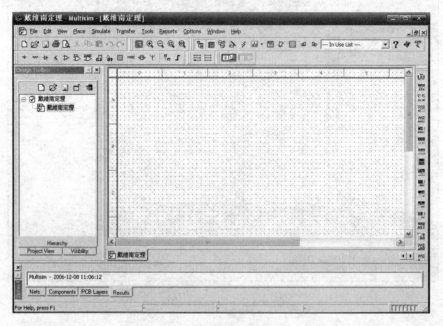

图 5.3.4　运行界面

　　另外，要改变文件名，也可以点击 Design Tools（设计工具箱）中的重命名按钮 直接修改。点击后出现的对话框如图 5.3.5 所示。

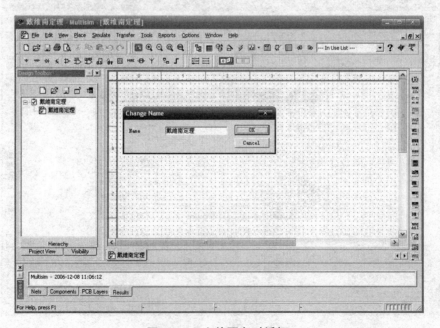

图 5.3.5　文件更名对话框

其他的新建、保存、重命名方法可参考常用的 Windows 应用软件。

2．连接电路图

借助 Multisim 验证戴维南定理时，需在 Multisim 的电路窗口中连接如图 5.3.6 所示的电路图。

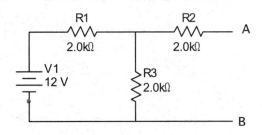

图 5.3.6　戴维南定理电路图

放置及更改元器件的具体步骤如下：

首先放置直流电源：点击 Place 菜单，弹出下拉菜单，选择 Place Component…命令（或在电路窗口中右击鼠标，在快捷菜单中选择 Place Component），这时弹出元件放置菜单，如图 5.3.7 所示。

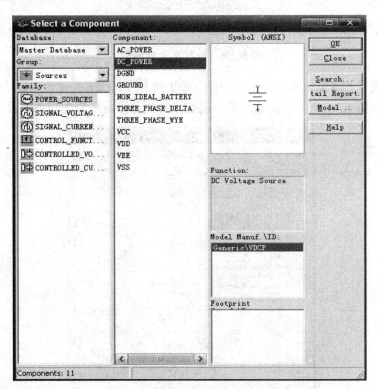

图 5.3.7　元件放置对话框

在 Database 下拉列表中选择 Master Database 选项，并在 Group 下拉列表框中选择 Sources 选项，此时在 Family 列表框中就出现了 Sourses 中的几个组件，选中其中的

POWER_SOURCES，在 Component 列表框中有相应的电源器件供用户选择。

　　选中 DC_POWER 器件后，在右侧会出现器件相应的属性。单击 OK 按钮，在电路窗口中就会出现一个跟随鼠标移动的直流电压源器件，在电路窗口中的适当位置单击鼠标左键，就完成了在指定位置放置直流电压源的任务，如图 5.3.8 所示。

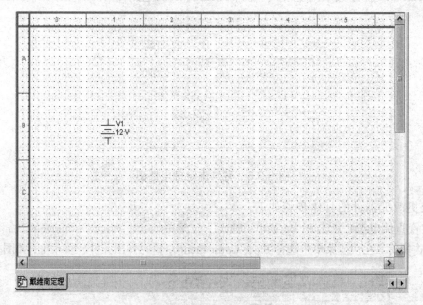

图 5.3.8　放置直流电压源

　　鼠标右键点击直流电压源图标，在快捷菜单中选择 Properties 命令，就会弹出直流电压源属性菜单，如图 5.3.9 所示。通过此菜单就可以修改直流电压源的相关参数。

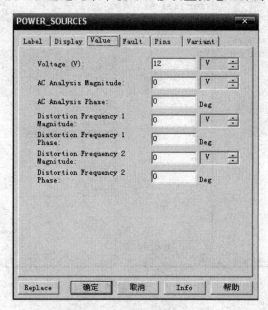

图 5.3.9　直流电压源设置

　　按照上述方法，在图 5.3.10 所示的 Group 下拉列表框中选中 Basic，依次在 Family 和

Component 列表框中进行选择，找到电阻 R1、R2、R3 并按照图 5.3.6 放置即可。

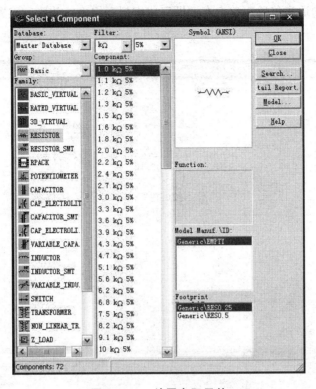

图 5.3.10　放置电阻元件

　　Multisim 放置的元器件均有默认的方向，鼠标右键点击元器件会弹出快捷菜单，如图 5.3.11 所示。通过此快捷菜单可以实现元器件的翻转、旋转以及更改参数的功能。通过类似的过程，我们可以任意放置所需的元器件，由于放置的元件库里的元件均为实际的标称原件，不能更改其标称参数。

图 5.3.11　元件快捷菜单

最后，我们验证戴维南定理时还需要放置虚拟万用表。在虚拟仪器组件工具栏上单击 ⬚ 图标，在电路窗口的适当位置再单击左键即完成虚拟万用表的放置。放置完器件的电路图如图 5.3.12 所示。

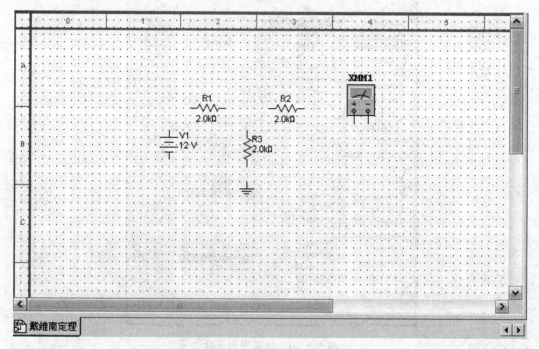

图 5.3.12　　元件放置电路图

放置好所需器件后，开始进行电气连接。方法同其他的电路设计软件类似。在 Place 菜单中选择 Wire 命令，鼠标就会变成"十"字光标，将光标移至器件引脚单击鼠标左键（或只需在将要连接的器件引脚端点上单击鼠标），这时将会出现一条与鼠标同步运动的导线，如图 5.3.13 所示，移动鼠标至另一器件的引脚上。

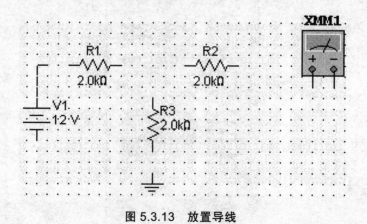

图 5.3.13　　放置导线

当引脚上出现红色小圆点时，表明导线即将连上，这时单击鼠标，完成器件之间的电气连接，如图 5.3.14 所示。

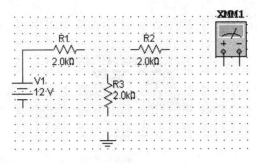

图 5.3.14　连接元件

按照上述连线方法，并根据图 5.3.6 完成戴维南定理电路图的绘制，如图 5.3.15 所示。

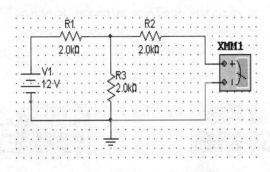

图 5.3.15　戴维南定理电路图

3.　仿　真

电路原理图绘制完成后，单击"仿真启动/停止"按钮 ⚡ 或"仿真开关"按钮 ⬛，或者选择 Simulate 下拉菜单中的 Run 命令，启动电路仿真，如图 5.3.16 所示。

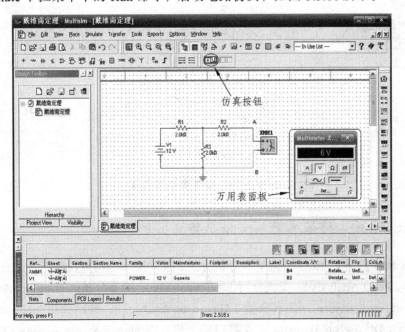

图 5.3.16　启动仿真

万用表指示面板如图 5.3.17 所示。

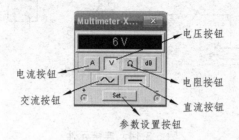

图 5.3.17　万用表指示面板

点击万用表面板上的 V 按钮，则测量的是 A、B 两点间的电压，本电路的开路电压为 6 V，如图 5.3.18 所示。

点击万用表面板上的 A 按钮，则万用表测量的是电流，此电流为 A、B 两点间的短路电流，本电路测得的电流为 2 mA，如图 5.3.19 所示。

图 5.3.18　电压测量显示

图 5.3.19　电流测量显示

根据开短路法测得等效电阻 $R = \dfrac{6}{2 \times 10^{-3}} = 3$ kΩ。于是得到戴维南等效电路，如图 5.3.20 所示。

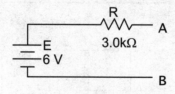

图 5.3.20　戴维南等效电路

5.3.2　Multisim 的电路基本分析方法及仿真实例

Multisim 软件提供了 15 种电路基本分析方法，最常用的分析方法包括：直流工作点分析（DC Operating Point Analysis）、交流分析（AC Analysis）、瞬态分析（Transient Analysis）、傅立叶分析（Fourier Analysis）、失真分析（Distortion Analysis）、噪声分析（Noise Analysis）、直流扫描分析（DC Sweep Analysis）、参数扫描分析（Parameter Sweep Analysis）等，其使用

方法将在以下仿真实例中分别说明。

5.3.2.1　仿真实例一：电阻元件伏安特性的测量

电阻元件伏安特性的测量实际上是测量电阻两端的电压与流过的电流的关系。在 Multisim 中既可以像实验室中一样使用电压表和电流表进行逐点测量，也可以利用软件中提供的 DC Sweep 分析法直接形成 U-I 关系曲线。

DC Sweep 分析功能不仅可以非常容易地直接测出线性元件的伏安特性曲线，对某些非线性元件的伏安特性曲线也能较方便地得到。在本章节中还将介绍 IV 特性分析仪的使用方法。下面以测试 1 Ω 线性电阻和 1N3890A 二极管的特性为例来说明利用仪表进行测试分析的过程。

1. 线性电阻的测试

测试电路如图 5.3.21 所示。

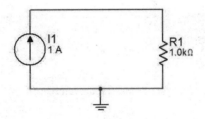

图 5.3.21　线性电阻的测试电路

点击 Simulate 菜单中 Analyses 下的 DC Sweep 命令，出现 DC Sweep Analyses 对话框，在 Analyses Parameters 页的选项中进行如图 5.3.22 所示的设置。

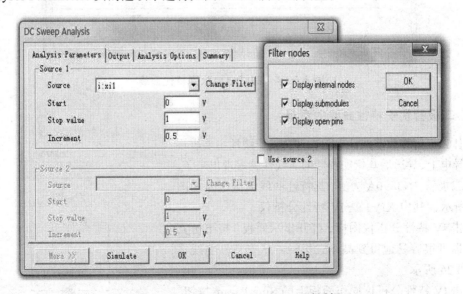

图 5.3.22　DC Sweep Analyses 对话框

在 Output 页中进行如下设置，选取节点 1 为输出变量，如图 5.3.23 所示。

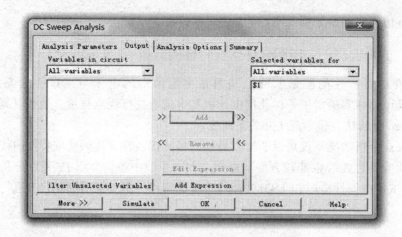

图 5.3.23　Output 页面

点击 DC Sweep Analyses 对话框中的 Simulate 按钮，直接得到伏安特性曲线，如图 5.3.24 所示。

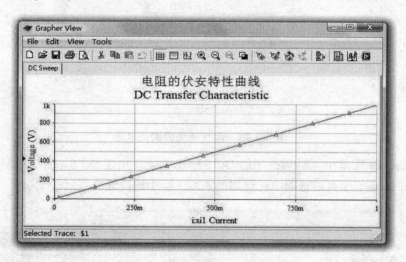

图 5.3.24　线性电阻伏安特性曲线

2. 二极管伏安特性曲线的测量

晶体二极管作为非线性电阻元件，其非线性主要表现在单向导电上，导通后其伏安特性的非线性就表现出来了。

以二极管 1N3890A 为例，其特性曲线测试电路如图 5.3.25 所示，其中 XIV1 是 IV 特性分析仪。

双击 IV 特性分析仪图标，打开显示面板。按下仿真按钮，即可很容易地得到晶体二极管的伏安特性曲线，如图 5.3.26 所示。

单击 IV 特性分析仪操作面板上的 Sim_Param 按钮，可对其相关仿真参数进行设置，如图 5.3.27 所示。有关 IV 特性分析仪的详细使用方法请参看 5.5.10 节。

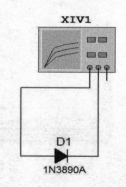

图 5.3.25　二极管特性曲线测试电路

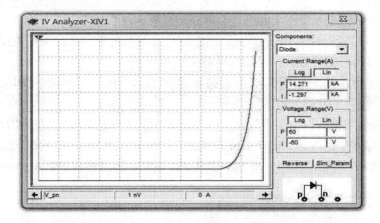

图 5.3.26 二极管的伏安特性曲线

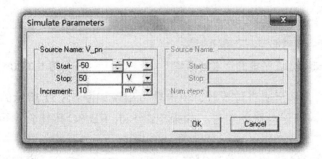

图 5.3.27 IV 特性分析仪仿真参数的设置

5.3.2.2 仿真实例二：三相交流电路的仿真

图 5.3.28 中所示电路为以星形接法连接的三相电源电路。三相交流电源是由三个频率相同、振幅相同、相位依次相差 120° 的正弦电压源按一定连接方式组成的电源。如图 5.3.28 所示，其中 A 相的初相角为 0°，B 相的初相角为 −120°，C 相的初相角为 120°。本例中电源的振幅均为 120 V、频率为 60 Hz。为了使电路图更加简单直观，可以将它创建为子电路的形式。

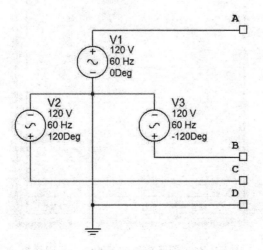

图 5.3.28 三相电源电路图

在 Multisim 中创建与使用子电路非常简单，其基本过程如下：

（1）创建子电路部分的详细电路图，图中应包含与其他电路部分相连的接线端子，并必须有连接输入/输出端的符号。

如图 5.3.28 所示的三相交流电源电路图包含了 A、B、C 三相线和中线 N 四个输出端口。

（2）按住鼠标左键，拉出一虚线框，选定用来组成子电路的所有元器件及连线。

启动 Place 菜单中的 Replace by Subcircuit，打开 Subcircuit Name 对话框，如图 5.3.29 所示。在其编辑栏中输入子电路的名称，如 3Y，单击 OK 按钮，即可得到如图 5.3.30 所示的子电路。

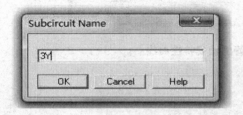

图 5.3.29　Subcircuit 子电路命名对话框

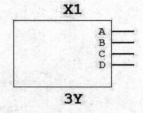

图 5.3.30　创建的子电路

（3）取出子电路，移至适当位置后，单击则出现如图 5.3.31 所示的 Subcircuit 对话框。可在 RefDes 栏内输入该子电路的序号。如果单击 Edit HB/SC 按钮，则可进入该子电路内重新编辑。

（4）调用子电路。启动 Place 菜单中的 New Subcircuit...命令，则出现与图 5.3.29 相同的对话框，输入子电路名，即可在电路中放置该子电路的方块图。这个子电路方块图就像一般的电路组件，在电路图编辑中可与元件一样处理，但不能旋转和修改属性。在同一个电路中可以使用多个相同或不同的子电路。

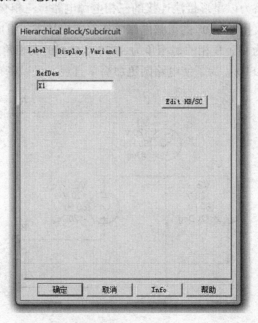

图 5.3.31　取子电路的 Subcircuit 对话框

1. 线电压的测试

图 5.3.28 是 Y 形连接的三相交流电源，三个电源的末端连接为公共节点 N，即中点，由中点引出的线称为中线，由 A、B、C 分别引出的线称为相线。相线与中线之间的电压为相电压 U_a、U_b、U_c；各相线之间的电压为线电压 U_{ab}、U_{bc}、U_{ca}。创建如图 5.3.32 所示的测试电路，可以仿真测试得到线电压。

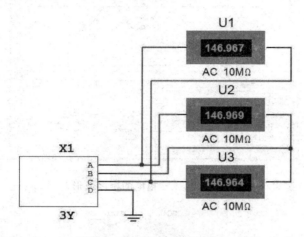

图 5.3.32　线电压测试电路

2. 测量三相相序

在三相电路的实际应用中，有时需要正确地判别三相交流电源的相序。如图 5.3.28 所示的三相交流电源，假设原来不知道其相序，在 Multisim 环境下可以通过观察电路中如图 5.3.33 所示的四通道示波器 XSC1 上的波形来确定。

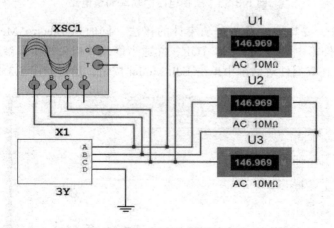

图 5.3.33　相序波形测试电路

四通道示波器 XSC1 的设置以及显示的三相交流电的相序波形如图 5.3.34 所示。

3. 测量三相电路功率

这里选取三相电动机作为负载，用"两瓦法"来测量，即使用两只功率计测量三相负载的功率，两个功率计读数之和即等于三相负载的总功率，测量线路如图 5.3.35 所示。

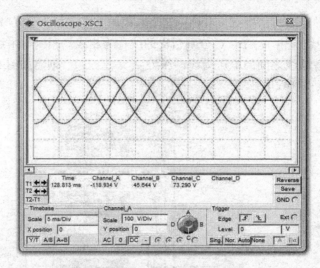

图 5.3.34　三相电的相序波形

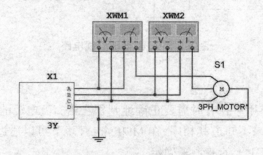

图 5.3.35　三相电路的功率测量电路

编辑原理图时，要特别注意两个功率计的接法。同时从 Electro_Mechanical 元件库的 Output_Devices 元件箱中取出 3PH_MOTOR，并适当修改其相关的模型参数。双击原理图上的 3PH_MOTOR，在其属性对话框中单击 Edit Model 按钮，出现如图 5.3.36 所示的对话框。

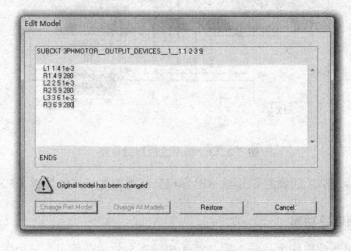

图 5.3.36　Edit Model 对话框

将其中的 R1、R2 和 R3 所取的值 2 改为 280 后，单击 Change Part Model 按钮即可。运行仿真，两瓦特表显示的数值如图 5.3.37 所示。

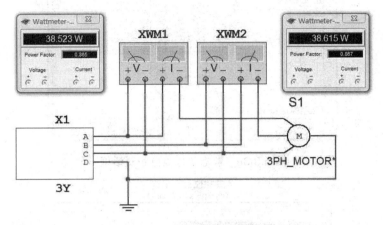

图 5.3.37　两瓦特表显示的数值

所以总功率为：38.523 + 38.615 = 77.138（W）。

5.3.2.3　仿真实例三：单管交流放大电路

1. 单管交流放大电路图

实验电路如图 5.3.38 所示。

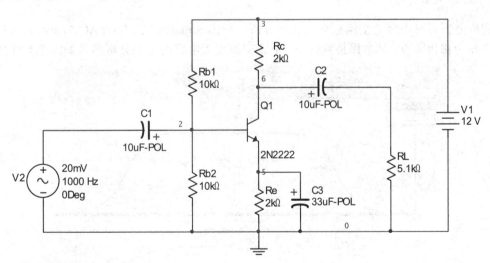

图 5.3.38　单管交流放大电路

2. 单管交流放大电路静态工作点分析

单击菜单 Simulate/Analysis/DC Operating Point Analysis，弹出如图 5.3.39 所示的对话框。

将对话框中的所有电压节点作为输出节点，单击 Simulate 按钮，开始仿真。静态工作点分析的仿真结果如图 5.3.40 所示。

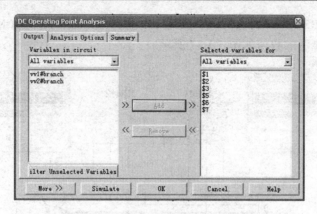

图 5.3.39　静态工作点分析对话框

单管交流放大电路
DC Operating Point

	DC Operating Point	
1	$1	0.00000
2	$2	2.75556
3	$3	12.00000
4	$5	2.13595
5	$6	9.97761
6	$7	0.00000

图 5.3.40　静态工作点分析仿真结果

3. 单管交流放大电路的动态分析

1）交流分析

交流分析即对电路的交流频率响应的分析。单击 Simulate/Analysis/AC Analysis，将节点 1 和 7 作为输出节点，其余保持默认值。单管交流放大电路的动态分析结果如图 5.3.41 所示。

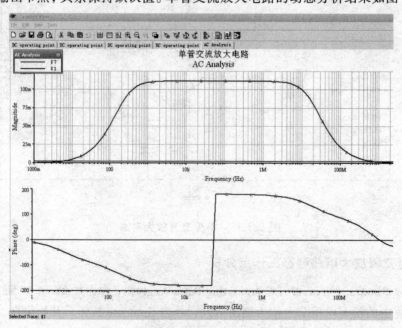

图 5.3.41　放大电路的动态分析结果

2）单管交流放大电路的瞬态分析

瞬态分析是电路响应在电源激励的作用下在时域内的函数波形。此处利用示波器来观测单管交流放大电路的输入/输出信号波形，如图 5.3.42 所示。

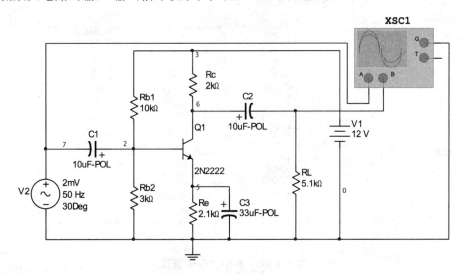

图 5.3.42　示波器测量电路

仿真结果如图 5.3.43 所示。在图中可以看出单管交流放大电路的输入和输出在相位上有反相的关系，但是存在一定的相位误差。如果提高交流输入信号的频率，相位误差将会减小。（思考一下为什么？）

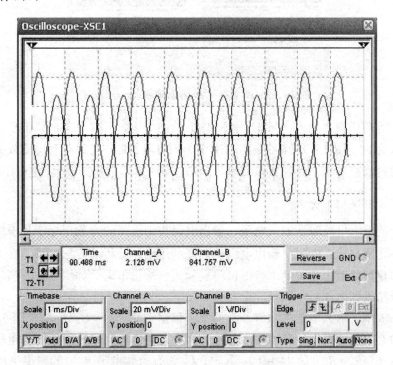

图 5.3.43　示波器测量结果

3）电压放大倍数分析

电压放大倍数是单管交流放大电路的重要性能指标，表示了放大电路对输入小信号的放大能力。在图 5.3.38 中加入虚拟测量仪器，如图 5.3.44 所示。

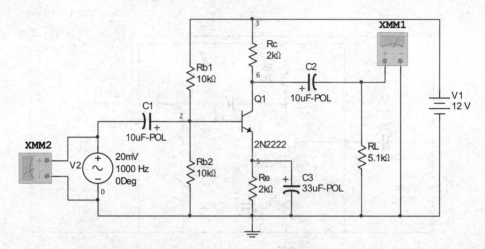

图 5.3.44　虚拟仪器测量图

测量结果如图 5.3.45 所示。

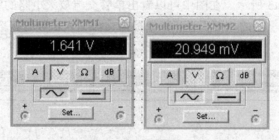

图 5.3.45　测量结果

从图 5.3.45 的虚拟万用表 XMM1 和 XMM2 的读数中，可以近似估算出单管交流放大电路的放大倍数为 80。图 5.3.38 中的电阻均采用虚拟电阻，为了仿真单管交流放大电路的放大性能，可以通过修改虚拟器件参数以及输入信号 V2 的频率来观察放大性能的改变。

4）输入/输出电阻的分析

在分析交流放大电路时，输入电阻、输出电阻作为重要的参数指标，其求解是在交流微变等效电路中，根据输入电阻、输出电阻的定义利用电路分析的方法求得。在 Multisim 中，直接利用虚拟仪器检测出相关的电量即可得到输入、输出电阻，如图 5.3.46 所示。

仿真测量结果如图 5.3.47 所示。

在图 5.3.46 中，输入电阻的求解非常简单，根据定义：$R_i = U_i / I_i$，结合图 5.3.47 中电压表和电流表的有效值，可以计算出输入电阻的大小。输出电阻的分析较输入电阻复杂。根据输出电阻的定义：$R_o = R_L (U_o / U_L - 1)$。其中，$U_L$ 为有负载电阻 R_L 时的输出电压，U_o 为输出开路时的电压。所以在分析单管交流放大电路的输出电阻时需要两次测量输出电压。

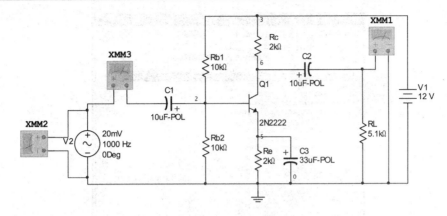

图 5.3.46　测输入/输出电阻

（a）

（b）

（c）

图 5.3.47　仿真结果

对于其他的操作功能，可以查询在线技术帮助和使用指导，此处不再介绍。

5.4　Multisim 的元件库

Multisim 为用户提供了丰富的元器件，并以开放的形式管理元器件，使得用户能够自己添加所需要的元器件。下面仅介绍元件库的主要功能。

5.4.1　元件库的管理

Multisim 以库的形式管理元器件，通过菜单 Tools/ Database Management（或单击工具栏中的电源图标）打开 Database Management（数据库管理）窗口，对元器件库进行管理，如图 5.4.1 所示。

在 Database Management 窗口中的 Database 列表中有三个数据库：Multisim Master 库、Corporate 库（专业版中才有）和 User 库。其中 Multisim Master 库中存放的是软件为用户提供的元器件；Corporate 库主要是方便设计团队共享经常使用的一些特定元件；User 是为用户自建元器件准备的数据库。用户对 Multisim Master 数据库中的元器件和表示方式没有编辑权，但可以通过选择 User 数据库，对自建元器件进行编辑管理。在刚使用软件时，User 数据库是空的，可以通过 Edaparts.com 导入或由用户自己编辑和创建（具体可查询在线技术帮助和使用指导）。

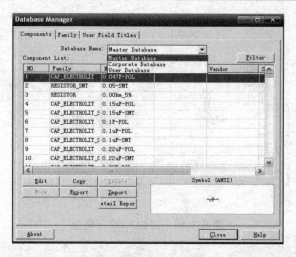

图 5.4.1　数据库窗口

　　在 Multisim Master 中有前面介绍到的所有实际元器件和虚拟元器件，它们之间的根本差别在于：一种是与实际元器件的型号、参数值以及封装都相对应的元器件，在设计中选用此类器件，不仅可以使设计仿真与实际情况有良好的对应性，还可以直接将设计导出到 Ultiboard 中进行 PCB 的设计；另一种器件的参数值是该类器件的典型值，不与实际器件对应，用户可以根据需要改变器件模型的参数值，只能用于仿真，这类器件称为虚拟器件。它们在工具栏和对话窗口中的表示方法不同，并非所有的元器件都设有虚拟类的器件。在原理仿真中为了便于改变参数和提高仿真速度，通常选用虚拟器件。而在设计电路时，常选择实际元器件以取得与实际电路相一致的结果。

5.4.2　信号及电源库

　　单击元件工具栏中的电源图标，弹出如图 5.4.2 所示的元件选择对话框。

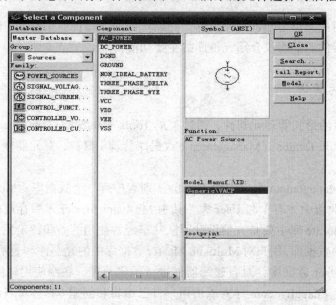

图 5.4.2　元件选择对话框

对话框的各项说明如下：

"Database"栏：选择数据库，如 Multisim Master 库、Corporate 库和 User 库。

"Group"栏：选择元件库的类型，即元件菜单栏中的 13 种元件库。

"Family"栏：选择元件库中的不同元件箱。如"Sources"元件库中包含有 6 种元件箱。

"Component"栏：显示"Family"栏中元件箱的所有元件。

"Symbol（ANSI）"栏：显示所选元件的 ANSI 标准符号。

"Function"栏：显示所选元件的功能。

"OK"按钮：单击按钮选择元件放置到电路编辑区。

"Close"按钮：单击关闭对话框。

"Search"按钮：单击此按钮可根据元件所属数据库类型、分类、元件名称等信息查找所需元件。

"tail Report"按钮：单击输出元件详细报告。

"Model"按钮：单击显示元件模型报告。

"Help"按钮：单击获得帮助信息。

元件库的元件选择对话框的设置和按钮功能与图 5.3.7 类似，这里不再详细讲述，仅对"Family"栏中的元件箱进行说明。

在"Sources"元件库中，"Family"栏包含有 6 种电源。

电源"Power_Sources"：包含交直流电源、数字地、接地、3 相△接电源、3 相 Y 接电源等。

信号电压源"Signal_Voltage_Source"：包含交流电流源、交流电压源、调幅电压源、时钟脉冲电流源、时钟脉冲电压源等多种电压源。

信号电流源"Signal_Current_Source"：包含直流电流源、指数电流电流源、指数电压电流源、调频电流源、调频电压源、分段线性电流源、分段线性电压源、脉冲电流源等多种电流源。

控制函数模块"Control_Function_Blocks"：包括乘除法、微积分等多种功能块。

受控电压源"Controlled_Voltage_Sources"：包括电压控制电压源和电流控制电压源等。

受控电流源"Controlled_Current_Sources"：包括电压控制电流源和电流控制电流源等。

5.4.3　基本元件库

单击元件工具栏中的基本元件库图标，弹出对应的元件选择对话框，其"Family"栏如图 5.4.3 所示，说明如表 5.4.1 所示。

表 5.4.1　基本元件库

元件箱名称	说　　明
BASIC_VIRTUAL	基本虚拟元件：包括常用的电阻、电容、电感、继电器、电位器等
RATED_VIRTUAL	额定虚拟元件：包括三极管、电容、二极管、电感、电动机、继电器和电阻等
3D_VIRTUAL	3 维虚拟元件：包括三极管、电容、十进制计数器、二极管、电感、场效应晶体管、直流电动机、理想运放、可变电阻、与非门、电阻和移位寄存器等
RISISTOR	电阻：各种标称电阻，其值不能改变
RISISTOR_SMT	贴片电阻：各种贴片电阻
RPACK	排阻：相当于多个电阻并排封装在一起
POTENTIONMETER	电位器：可调电阻，可通过键盘调节电阻值
CAPACITOR	电容器：无极性电容，不可改变大小，无误差和耐压值限制
CAP_ELECROLIT	电解电容：有极性电容，"＋"端接高电位
CAPACITOR_SMT	贴片电容：各种贴片电容
CAP_ELECROLIT_SMT	贴片电解电容：各种贴片电解电容
VARTABLE_CAPACITOR	可变电容：电容值可改变，使用同电位器
INDUCTOR	电感：各种电感
INDUCTOR_SMT	贴片电感器
VARTABLE_INDUCTOR	可变电感：各种可变电感
SWITCH	开关：包括各种开关和控制开关
TRANSFORMER	变压器：使用时要求变压器两端接地
NON_LINEAR_TRANSFORMER	非线性变压器：考虑了磁心饱和效应，可以构造漏感等各种参数
Z_LOAD	阻抗负载：包括 RLC 并联和串联负载，参数可修改
RELAY	继电器：继电器触点的开合受线圈电流控制
CONNECTORS	连接器：不会对仿真产生影响，主要用于 PCB 设计
SOCKETS	插座：为标准插件提供位置，主要用于 PCB 设计

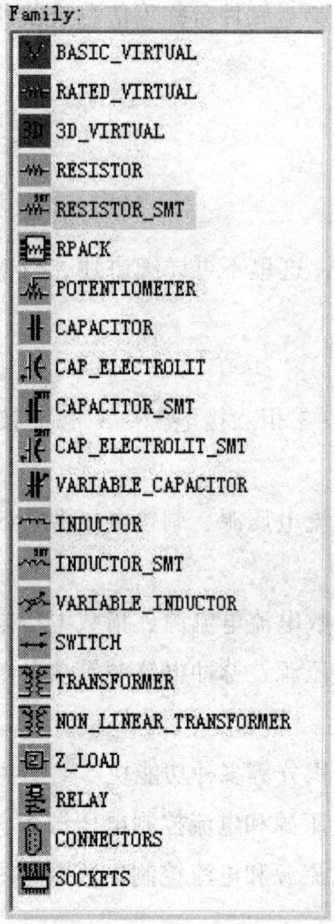

Family:

- BASIC_VIRTUAL
- RATED_VIRTUAL
- 3D_VIRTUAL
- RESISTOR
- RESISTOR_SMT
- RPACK
- POTENTIOMETER
- CAPACITOR
- CAP_ELECTROLIT
- CAPACITOR_SMT
- CAP_ELECTROLIT_SMT
- VARIABLE_CAPACITOR
- INDUCTOR
- INDUCTOR_SMT
- VARIABLE_INDUCTOR
- SWITCH
- TRANSFORMER
- NON_LINEAR_TRANSFORMER
- Z_LOAD
- RELAY
- CONNECTORS
- SOCKETS

图 5.4.3　基本元件库

5.4.4　二极管库

单击元件工具栏中的二极管元件库图标，弹出对应的元件选择对话框，其"Family"栏如图 5.4.4 所示，说明见表 5.4.2。

表 5.4.2 二极管库说明

元件箱名称	说 明
DIODES_VIRTUAL	虚拟二极管：相当于理想二极管
DIODE	普通二极管：包括许多公司的产品型号
ZENER	稳压二极管：即齐纳二极管，包括许多公司的产品型号，参数需自行查阅
LED	发光二极管：其正向压降大于普通二极管
FWB	二极管整流桥：桥式整流桥（2、3 端接交流，1、4 端输出直流）
SCHOTTKY_DIODE	肖特基二极管
SCR	可控硅：当正向电压超过转折电压且栅极被触发后才能导通
DIAC	双向二极管：相当于两个肖特基二极管并联
TRIAC	双向可控硅：相当于两个可控硅并联
VARACTOR	变容二极管：相当于电压控制电容器
PIN_DIODE	结二极管

图 5.4.4 二极管元件库

5.4.5 晶体管库

单击元件工具栏中的晶体管元件库图标，弹出对应的元件选择对话框，其"Family"栏如图 5.4.5 所示，说明如表 5.4.3 所示。

表 5.4.3 晶体管库说明

元件箱名称	说 明
TRANSISTORS_VIRTUAL	虚拟晶体管：包括双极性晶体管、场效应管等
BJT_NPN	双极性 NPN 型晶体管
BJT_PNP	双极性 PNP 型晶体管
DARLINGTON_NPN	达林顿 NPN 型晶体管
DARLINGTON_PNP	达林顿 PNP 型晶体管
DARLINGTON_ARRAY	达林顿阵列
BJT_NRES	带偏置电阻的 NPN 型晶体管
BJT_PRES	带偏置电阻的 PNP 型晶体管
BJT_ARRAY	晶体管阵列：若干晶体管组成的复合晶体管
IGBT	IGBT 管：一种 MOS 门控制功率开关管，具有耐压值高、导通电流大、导通电阻小等特点
MOS_3TDN	三端 N 沟道耗尽型 MOSFET
MOS_3TEN	三端 N 沟道增强型 MOSFET
MOS_3TEP	三端 P 沟道增强型 MOSFET
JFET_N	N 沟道结型场效应管
JFET_P	P 沟道结型场效应管
POWER_MOS_N	N 沟道功率 MOSFET
POWER_MOS_P	P 沟道功率 MOSFET
POWER_MOS_COMP	复合功率 MOSFET
UJT	可编程单结型晶体管
THERMAL_MODELS	带有热模型的 NMOSFET

图 5.4.5 晶体管元件库

5.4.6　模拟元件库

单击元件工具栏中的模拟元件库图标，弹出对应的元件选择对话框，其"Family"栏如图 5.4.6 所示，说明如表 5.4.4 所示。

表 5.4.4　模拟元件库说明

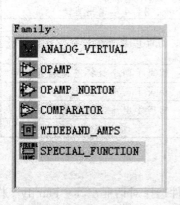

图 5.4.6　模拟元件库

元件箱名称	说　明
ANALOG_VIRTUAL	虚拟模拟器件：包括比较器、虚拟运放
OPAMP	运算放大器：包括 5 端、7 端和 8 端运放，型号众多
OPAMP_NORTON	诺顿运放：即电流差分放大器，输出电压与输入电流成比例
COMPARATOR	比较器：比较 2 个输入端电压，输出相应状态
WIDEBAND_AMPS	宽带运放：单位增益带宽超过 10 MHz，主要用于带宽要求较高的场合，如视频放大
SPECIAL_FUCTION	特殊功能运放：包括测试运放、视频运放、有源滤波器等

5.4.7　TTL 元件库

TTL 元件库主要包含有 74 系列的 TTL 数字集成电路器件，单击元件工具栏中的 TTL 元件库图标，弹出对应的元件选择对话框，其"Family"栏如图 5.4.7 所示，说明见表 5.4.5。

图 5.4.7　TTL 元件库

表 5.4.5　TTL 元件库说明

元件箱名称	说　明
74STD	标准型 TTL 集成电路
74S	肖特基型 TTL 集成电路
74LS	低功耗肖特基型 TTL 集成电路
74F	高速型 TTL 集成电路
74ALS	先进低功耗肖特基型 TTL 集成电路
74AS	先进肖特基型 TTL 集成电路

5.4.8　CMOS 元件库

CMOS 元件库主要包括 74HC 系列和 4×××系列的 CMOS 数字集成电路器件，单击元件工具栏中的 CMOS 元件库图标，弹出对应的元件选择对话框，其"Family"栏如图 5.4.8 所示，说明如表 5.4.6 所示。

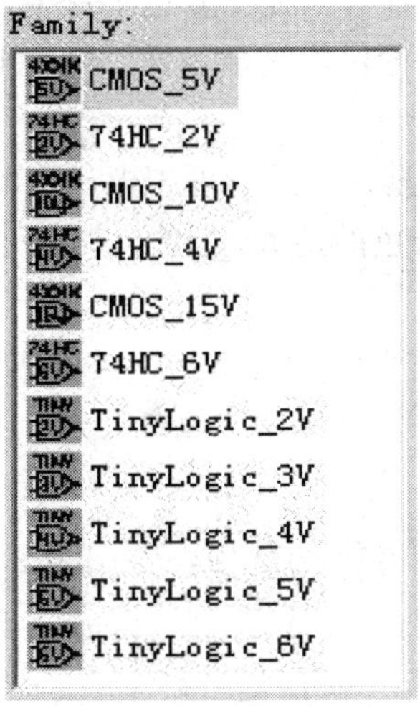

图 5.4.8　CMOS 元件库

表 5.4.6　CMOS 元件库说明

元件箱名称	说　明
CMOS_5V	4×××系列 5 V CMOS 集成电路
74HC_2V	74 系列 2 V CMOS 集成电路
CMOS_10V	4×××系列 10 V CMOS 集成电路
74HC_4V	74 系列 4 V CMOS 集成电路
CMOS_15V	4×××系列 15 V CMOS 集成电路
74HC_6V	74 系列 6 V CMOS 集成电路
TinyLogic_2V	2 V Tiny 逻辑集成电路
TinyLogic_3V	3 V Tiny 逻辑集成电路
TinyLogic_4V	4 V Tiny 逻辑集成电路
TinyLogic_5V	5 V Tiny 逻辑集成电路
TinyLogic_6V	6 V Tiny 逻辑集成电路

5.4.9　机电类元件库

机电类元件主要包含了一些电工元件，单击元件工具栏中的机电类元件库图标，弹出对应的元件选择对话框，其"Family"栏如图 5.4.9 所示，说明如表 5.4.7 所示。

表 5.4.7　机电类元件库说明

元件箱名称	说　明
SENSING_SWITDHES	感测开关:通过键盘控制开关状态
MOMENTARY_SWITCHES	复位开关:当其动作后马上复位
SUPERLEMENTARY_CONTACTS	接触器
TIMED_CONTACTS	定时接触器:可以实现延迟功能
COILS_RELAYS	线圈与继电器:包括电机线圈、继电器等
LINE_TRANSFORMER	线性变压器
PROTECTIONG_DEVICES	保护设备:包括保险丝、热继电器等
OUTPUT_DEVICES	输出设备:包括三相电机、加热器、指示器等

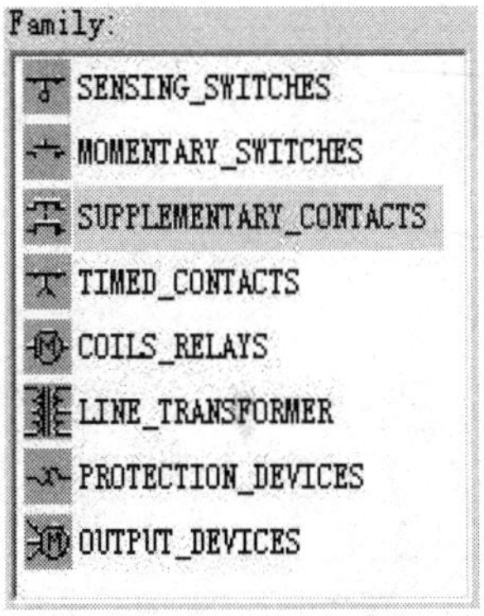

图 5.4.9　机电类元件库

5.5　虚拟仿真仪器

Multisim 提供了 19 种虚拟仿真仪器，其中几款是其他任何仿真软件所没有的虚拟仪器，如是德科技（原安捷伦公司）的测量仪器：安捷伦函数信号发生器、安捷伦 6 位半数字万用表、安捷伦示波器等，这些仪器的面板、旋钮操作和实际的安捷伦仪器完全一样，仪表工具栏通常位于电路窗口的右边。

前面已简要地介绍过仪表工具栏。如图 5.5.1 所示，仪表工具栏是进行虚拟电子实验和电子设计仿真最快捷而又形象的特殊窗口，也是 Multisim 最具特色的地方。

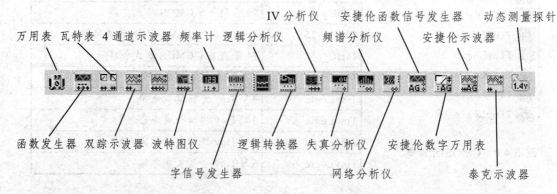

图 5.5.1　Instrument 工具栏

下面介绍图 5.5.1 中在实验中常用的虚拟仿真仪器。

5.5.1　万用表（Multimeter）

数字万用表的图标如图 5.5.2（a）所示，双击后弹出如图 5.5.2（b）所示的控制面板。

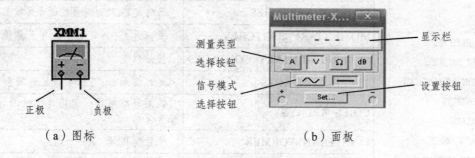

（a）图标　　　　　　　　　　　（b）面板

图 5.5.2　数字万用表图标及面板

控制面板包含以下内容：

显示栏：显示测得的数据。

测量类型选择按钮：A 测量电流；V 测量电压；Ω 测量电阻；dB 测量分贝。

信号模式选择按钮：∿ 测量交流； ▬ 测量直流。

设置按钮：按下 SET 按钮，弹出如图 5.5.3 所示的参数设置对话框，可以对电流表、电压表内阻、欧姆表电流以及电压、电流、电阻测量范围等参数进行设置。

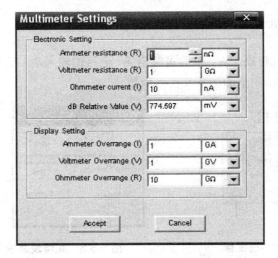

图 5.5.3　数字万用表参数设置

5.5.2　函数发生器（Function Generator）

函数发生器图标如图 5.5.4 所示，其控制面板如图 5.5.5 所示。

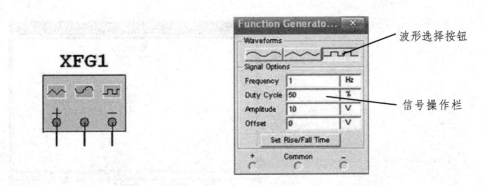

图 5.5.4　函数发生器图标　　　　图 5.5.5　函数发生器面板

控制面板包含以下内容：

波形选择按钮：〜 输出正弦波；〜 输出三角波；⊓ 输出方波。

信号操作栏：可以修改频率、占空比、幅值和反馈等参数；对于方波信号还可以设置上升时间和下降时间，如图 5.5.6 所示。

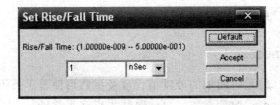

图 5.5.6　函数发生器参数设置

5.5.3　瓦特表（Wattmeter）

如图 5.5.7 所示为瓦特表，"V、I"为被测电压、电流的输入端。双击图标时弹出如图 5.5.8 所示的面板，可分别显示测量的功率及功率因数。

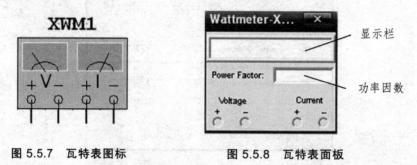

图 5.5.7　瓦特表图标　　　　　　图 5.5.8　瓦特表面板

5.5.4　双通道示波器（Oscilloscope）

双通道示波器图标如图 5.5.9 所示，"A、B"为两个测量信号的输入通道；"G"为接地端，使用时需要接地；"T"为外部触发信号输入端。双击图标弹出如图 5.5.10 所示的面板。

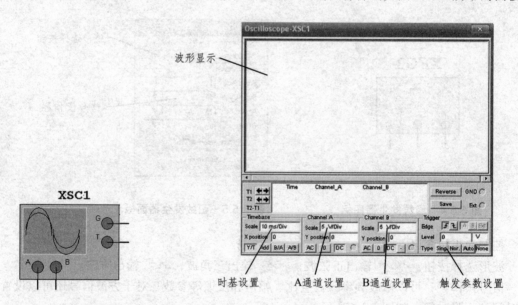

图 5.5.9　双通道示波器图标　　　　图 5.5.10　双通道示波器面板

双通道示波器面板与实际示波器类似，具体设置如下：

1. 时间设置（Timebase）

时间标尺（Scale）：设置时间轴的分度值，改变参数可使显示波形在水平方向上伸缩。

X 轴零点（X position）：改变参数，可使时间零点水平移动。

显示方式选择：有 4 种，即 Y/T（幅度/时间）方式，X 轴为时间，Y 轴为幅值；ADD 方

式，X 轴为时间，Y 轴为 A、B 通道输入电压之和；B/A 方式，X 轴为 A 通道信号，Y 轴为
B 通道信号；A/B 方式，与 B/A 方式相反，X 轴为 B 通道信号，Y 轴为 A 通道信号。

2. 输入通道设置（Chanel A 和 Chanel B）

幅度标尺（Scale）：设置通道幅度（Y 轴）的分度值，可根据信号的大小来选择。

Y 轴零点（Y position）：改变参数，可使 Y 轴零点垂直移动。

输入耦合方式选择：有 3 种，即 AC 方式，选择此方式时，滤掉直流分量，显示交流分
量；DC 方式，此时显示交直流混合信号；0 方式，在 Y 轴零点显示水平直线。

3. 触发参数设置（Trigger）

触发沿选择（Edge）：有 2 种，上升/下降沿触发。

触发源选择：有 3 种，A/B 通道输入信号和外部触发（EXT）。

电平触发选择（Level）：可预先设定触发电平的大小，此项设置只适用于 Single 和 Normal
采样方式，当通道输入信号大于该值时才开始采样。

触发方式选择（Type）：有 3 种，"Single"表示单次触发方式，满足触发电平后，示波器只
采样一次就停止，直到下一次触发脉冲到来；"Normal"表示普通触发，当满足触发电平后，示
波器才刷新，开始下一次采样；"Auto"表示不需要触发信号，计算机自动提供触发信号。

4. 其他参数设置

其他参数设置包含波形参数测量显示设置、波形存储设置和背景颜色控制设置等，可参
考其他相关资料。

5.5.5　波特图示仪

波特图示仪用来测量电路的幅频特性和相频特性。波特图示仪如图 5.5.11 所示，具有输
入和输出 2 个端口，使用时必须接交流信号。双击图标弹出如图 5.5.12 所示的面板。

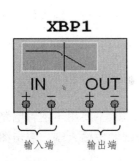

图 5.5.11　波特图示仪图标

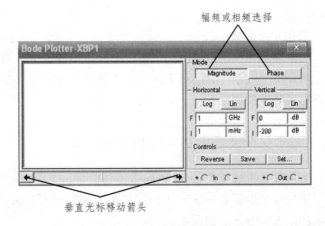

图 5.5.12　波特图示仪面板

波特图示仪面板具体设置如下：

方式选择（Model）：有幅频（Magnitude）和相频（Phase）两种方式。

坐标设置（Horizontal/Vertical）：在水平或垂直设置区，选择 Log 按钮表示坐标以对数形式显示，选择 Lin 按钮表示坐标以线性结果显示；水平坐标显示有两种，F 表示显示终值频率，I 表示显示初始频率；垂直坐标也包含两种，F 表示显示终值，I 表示显示初始值。

控制选择（Controls）：控制选择有 3 种，Reverse 按钮表示改变背景颜色；Save 按钮表示存储读数；单击设置按钮弹出相应的对话框，通过此对话框可设置求解点数，数值越大，分辨率越高。

除上述设置外，移动波特图仪垂直光标还可准确测量出波形曲线上各点的坐标值。

5.5.6　数字频率计数器（Frequency Counter）

数字频率计数器用来测量数字信号的频率，如图 5.5.13 所示，只有一个输入端。双击图标会弹出如图 5.5.14 所示的面板。

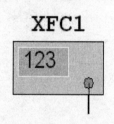

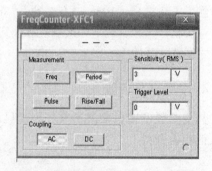

图 5.5.13　数字频率计数器图标　　　　　　图 5.5.14　数字频率计数器面板

数字频率计数器的面板设置如下：

测量选择（Measurement）：有 4 个测量选择按钮。单击 Freq 按钮，测量频率；单击 Period 按钮，测量周期；单击 Pulse 按钮，测量脉冲持续时间；单击 Rise/Fail 按钮，测量脉冲上升/下降时间。

耦合方式选择（Coupling）：有交流耦合（AC）和直流耦合（DC）两种方式。

灵敏度选项（Sensitivity）：左边输入灵敏度数值，右边选择单位。

触发电平选项（Trigger Level）：左边输入触发电平数值，右边选择单位。输入信号大于触发电平时才能测量。

5.5.7　字信号发生器（Word Generator）

字信号发生器能产生 32 路同步逻辑信号，是一个多路逻辑信号源，主要用于逻辑电路测试。字信号发生器如图 5.5.15 所示，R 端为数据准备端，T 端为外部触发输入端。双击图标弹出如图 5.5.16 所示的面板。

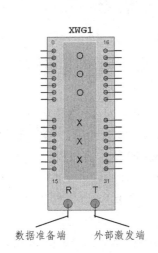

图 5.5.15 字信号发生器图标

缓冲器: 保存字模式或产生预设模式

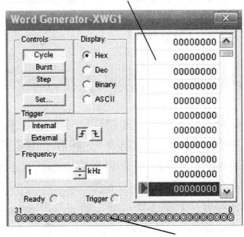

对应字产生图标的输出端

图 5.5.16 字信号发生器面板

字信号发生器面板设置如下:

控制选择 (Controls): 有 4 个控制选择按钮, 单击 Cycle 按钮, 在初始值与终止值间循环输出; 单击 Burst 按钮, 从起始位开始, 到终止位结束; 单击 Step 按钮, 一次输出一条字信号; 单击 Set 按钮, 弹出如图 5.5.17 所示的对话框, 通过此对话框, 可以设置字信号发生器的预置参数 (Pro_set Patterns)、显示形式 (Display Type)、地址选项等参数。

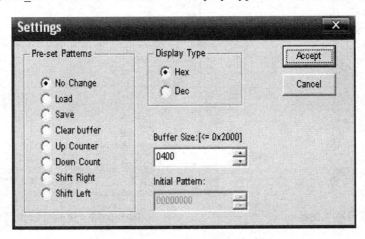

图 5.5.17 字信号发生器设置

显示选择 (Display): 可选择十六进制 (Hex)、十进制 (Dec)、二进制 (Binary) 和 ASCII 码。

触发方式选择 (Trigger): 有 4 个触发方式选择按钮。单击 Internal 按钮, 选择内部触发方式; 单击 External 按钮, 选择外部触发方式; 单击 ⨍ 按钮, 选择上升沿触发方式; 单击 ⬎ 按钮, 选择下降沿触发。

频率选项 (Frequency): 输入字信号时钟频率大小。

除上述设置外，面板上还有字信号显示区，位于右侧。32 位字信号以相应的显示形式显示在该区。单击其中一条字信号可实现字信号的改写和定位，单击右键可设置断点、删除断点，设置初值和终值。

5.5.8　逻辑分析仪（Logic Analyzer）

逻辑分析仪用于对时序逻辑信号的时序进行分析，可同步显示记录 16 路数字信号。逻辑分析仪如图 5.5.18 所示，具有 16 路数字信号输入端，"C"端为外接时钟端，"Q"端为时钟输入控制端，"T"端为外部触发输入端。双击图标弹出如图 5.5.19 所示的面板。

逻辑分析仪面板设置如下：

功能按钮区：有 3 个功能按钮。单击 Stop 按钮，停止仿真；单击 Reset 按钮，重置电路，重新仿真；单击 Reverse 按钮，背景反色。

波形显示区：显示各输入数字时序信号波形，最多可显示 16 路数字信号。通过光标可测量输入信号周期并显示。

波形参数显示区：显示 2 个光标测量的参数，"T1"栏显示光标 1 的时间；"T2"栏显示光标 2 的时间；"T1 – T2"栏显示两者之差。

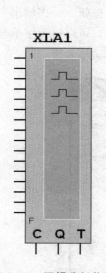

图 5.5.18　逻辑分析仪图标

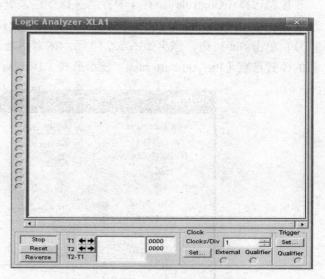

图 5.5.19　逻辑分析仪面板

时钟选项（Clock）："Clock/Div"栏设置水平刻度时钟数；单击 Set 按钮弹出如图 5.5.20 所示的对话框。通过此对话框可以设置时钟源（Clock）、时钟频率（Clock Rate）和采样设置（Sampling Setting）等参数。

触发方式设置（Trigger）：单击 Set 按钮，弹出如图 5.5.21 所示的对话框，通过此对话框可设置时钟沿触发方式（Trigger）、触发校验（Trigger Qualifier）和触发模式（Trigger Patterns）等参数。

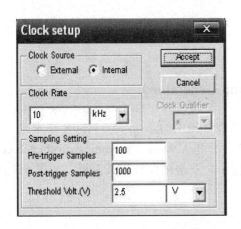

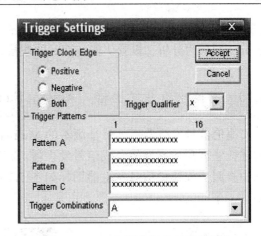

图 5.5.20 逻辑分析仪时钟选项设置   图 5.5.21 逻辑分析仪触发设置

5.5.9 伏安特性分析仪（IV-Analysis）

伏安特性分析仪主要用于测量半导体器件，如二极管、三极管和场效应管的伏安特性。伏安特性分析仪如图 5.5.22 所示，双击图标弹出如图 5.5.23 所示的面板。

伏安特性分析仪面板设置如下：

元件类型选择（Component）：有"Diode""BJT PNP""BJT NPN""NMOS"和"PMOS"4 种元件类型。

显示参数设置（Current Range/Voltage Range）：电压/电流范围设置均有对数和线性坐标 2 种方式，其中，"F"栏表示电压/电流终止值，"I"栏表示电压/电流初始值，调节参数可设置显示范围。

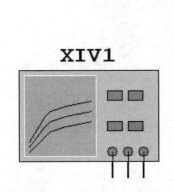

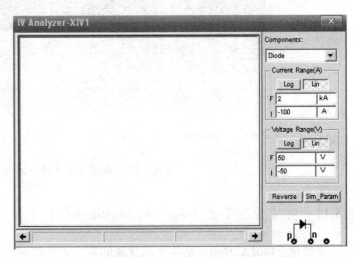

图 5.5.22 伏安特性分析仪图标   图 5.5.23 伏安特性分析仪面板

仿真参数设置（Sim_Param）：单击 Sim_Param 按钮，弹出仿真参数设置对话框。选择的元件类型不同，对话框可设置的参数也不相同。通过这些对话框可对仿真参数进行设置，此处不做详细介绍。

伏安特性分析仪面板右下方为接线方式显示，选择不同的器件，连接方式会发生改变。图 5.5.23 所示为分析二极管伏安特性时的连接方式。

5.5.10　安捷伦信号发生器（Agilent Function Generator）

安捷伦信号发生器不是每个版本的 Multisim 软件都提供的。Agilent33120A 技术是一个能构建任意波形的高性能合成信号发生器。其用户手册可从 www. electronicsworkbench.com 网站中查阅。安捷伦信号发生器图标如图 5.5.24 所示。双击图标打开其面板，如图 5.5.25 所示。

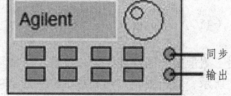

图 5.5.24　安捷伦信号发生器图标

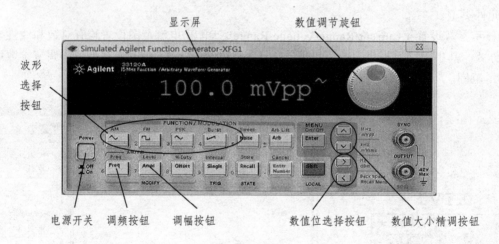

图 5.5.25　安捷伦信号发生器面板

5.5.11　安捷伦万用表（Agilent Multimeter）

安捷伦 34401A 万用表是一个高性能的数字式万用表。其图标如图 5.5.26 所示，双击图标可打开其使用面板，如图 5.5.27 所示。

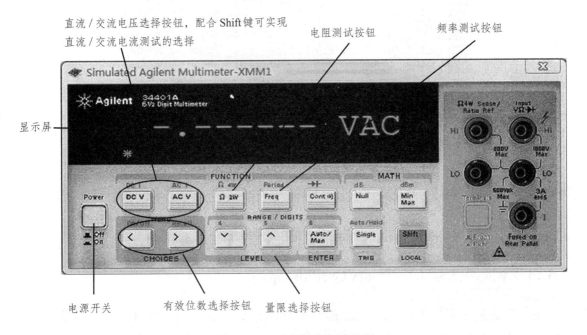

图 5.5.26 安捷伦万用表图标

图 5.5.27 安捷伦万用表面板

5.5.12 安捷伦示波器（Agilent Oscilloscope）

安捷伦 54622D 示波器并不是每个版本的 Multisim 软件都提供的。它是一个 2 通道 + 16 个逻辑通道、100 MHz 宽带的示波器。其图标如图 5.5.28 所示，使用面板如图 5.5.29 所示。

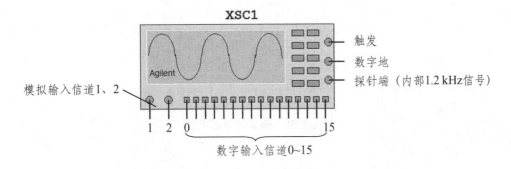

图 5.5.28 安捷伦示波器图标

通道1、2电压衰减　　扫描速率　　触发方式　　扫描状
波形显示　　　灵敏度设置旋钮　　设置旋钮　　设置区　　态控制

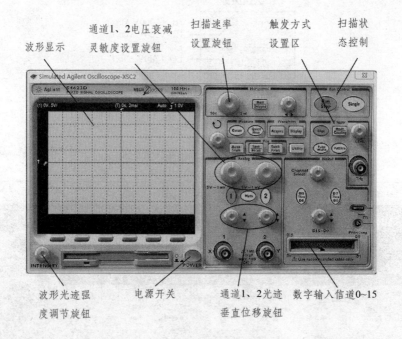

波形光迹强　　　电源开关　　通道1、2光迹　数字输入信道0~15
度调节旋钮　　　　　　　　　垂直位移旋钮

图 5.5.29　安捷伦示波器面板

5.5.13　泰克示波器（Tektronix Oscilloscope）

这个仪表同样不是每个版本的 Multisim 软件中都提供的。泰克 TDS2024 示波器是一个 4 通道、200 MHz 的示波器，其图标如图 5.5.30 所示，其面板如图 5.5.31 所示。

除以上虚拟仿真仪器外，还有逻辑转换器、网络分析仪和动态测量探针，此处不再介绍，如有需要，可查阅在线技术帮助和使用指导。

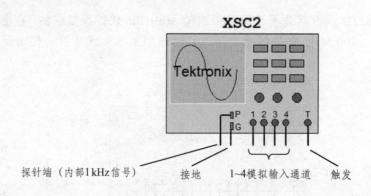

探针端（内部1kHz信号）　　　接地　　1~4模拟输入通道　　触发

图 5.5.30　泰克示波器图标

波形显示　各通道的开关 各通道垂直位移调节旋钮　　触发方式设置区　　　水平位移调节旋钮

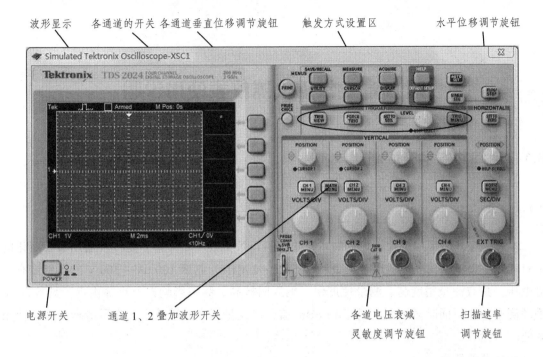

电源开关　　　通道 1、2 叠加波形开关　　　各道电压衰减　　扫描速率
　　　　　　　　　　　　　　　　　　　　灵敏度调节旋钮　　调节旋钮

图 5.5.31 安捷伦示波器面板

第6章　常用仪器仪表使用说明

6.1　全自动数字交流毫伏表

6.1.1　主要技术参数

本系列毫伏表采用单片机控制技术，集模拟与数字技术于一体，是一种通用型智能化的全自动数字交流毫伏表。适用于测量频率 5 Hz ~ 2 MHz，电压 100 μV ~ 300 V 的正弦波有效值电压。具有测量精度高、测量速度快、输入阻抗高、频率影响误差小等优点。具备自动/手动测量功能，同时显示电压值、dB/dBm 值，以及量程、通道状态，显示清晰直观，使用方便。

其技术参数为：

交流电压测量范围：100 μV ~ 300 V。

dB 测量范围：- 80 ~ 50 dB（0 dB=1 V）。

dBm 测量范围：- 77 ~ 52 dBm（0 dBm=1 mW 600 Ω）。

量程：4 mV、40 mV、400 mV、4 V、40 V、400 V。

频率范围：5 Hz ~ 3 MHz。

电压测量误差（以 1 kHz 为基准，20 °C 环境温度下）：

  50 Hz ~ 100 kHz　　　　±1.5%读数 ± 8 个字；

  20 Hz ~ 500 kHz　　　　±2.5%读数 ± 10 个字；

  5 Hz ~ 3 MHz　　　　　±4.0%读数 ± 20 个字。

dB 测量误差：± 1 个字。

dBm 测量误差：± 1 个字。

输入电阻：10 MΩ。

输入电容：不大于 30 pF。

6.1.2　面板控件说明

1. 前面板控件说明

前面板如图 6.1.1 所示。

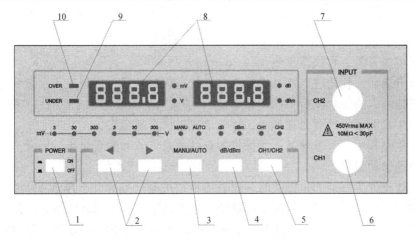

图 6.1.1　全自动数字交流毫伏表前面板

1——POWER，电源开关；

2——量程切换按键，用于手动测量时量程的切换；

3——AUTO/MANU，自动/手动测量选择按键；

4——dB/dBm，用于显示 dB/dBm 选择按键；

5——CH1/CH2，用于 CH1/CH2 测量选择按键；

6——CH1，被测信号输入通道 1；

7——CH2，被测信号输入通道 2；

8——用于显示当前的测量通道实测输入信号电压值，dB 或 dBm 值；

9——UNDER 欠量程指示灯，当手动或自动测量方式时，读数低于 300 时该指示灯闪烁；

10——OVER 过量程指示灯，当手动或自动测量方式时，读数超过 3999 时该指示灯闪烁，参数显示窗口。

2. 后面板控件说明

后面板如图 6.1.2 所示。

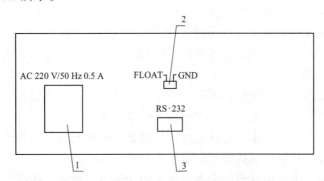

图 6.1.2　全自动数字交流毫伏表前面板

1——交流电源输入插座，用于 220 V 电源的输入；

2——FLOAT/GND，用于测量时选择输入信号地是浮置还是接机箱外壳地；

3——RS-232，用作 RS-232 通信时的接口端。

6.1.3　使用说明

（1）打开电源开关，将仪器预热 15~30 min。

（2）电源开启后，仪器进入产品提示和自检状态，自检通过后即进入测量状态。

（3）在仪器进入测量状态后，仪器处于 CH1 输入，手动量程 300 V 挡，有电压和 dB 的显示。当采用手动测量方式时，在加入信号前请先选择合适量程。

（4）在使用过程中，两个通道均能保持各自的测量方式和测量量程，因此选择测量通道时不会更改原通道的设置。

（5）当仪器设置为自动测量方式时，仪器能根据被测信号的大小自动选择测量量程，同时允许手动方式干预量程选择。当仪器在自动方式下且量程处于 300 V 挡时，若 OVER 灯亮表示过量程，此时，电压显示为 HHHH V，dB 显示为 HHHH dB，表示输入信号过大，超过了仪器的使用范围。

（6）当仪器设置为手动方式时，用户可根据仪器的提示设置量程。若 OVER 灯亮表示过量程，此时电压显示 HHHH V，dB 显示为 HHHH dB，应手动切换到较大的量程。当 UNDER 灯亮时，表示测量欠量程，用户应切换到较小的量程测量。

（7）当仪器设置为手动测量方式时，在输入端加入被测信号后，只要量程选择恰当，读数能马上显示出来。当仪器设置为自动测量方式时，由于要进行量程的自动判断，读数显示略慢于手动测量方式。在自动测量方式下，允许用手动量程设置按键设置量程。

（8）当使用通信方式时，应先在计算机上安装随机所携带的安装光盘，然后将仪器和计算机用随机配送的通信线连接，在界面程序上设置好通信端口，即可进行仪器和计算机之间的双向控制和测量。

（9）通信过程中，计算机通信界面上会随时显示接收状态。若接收计数停止，表示通信因故中断。

6.1.4　注意事项

（1）仪器应放在干燥及通风的地方，并保持清洁，久置不用时应罩上塑料套。

（2）仪器使用 220 V、50 Hz 的交流电，应注意电压不应过高或过低。

（3）仪器在使用过程中不应进行频繁的开机和关机，关机后重新开机的时间间隔应大于 5 s 以上。

（4）仪器在开机或使用过程中若出现死机现象，请先关机后然后再开机检查。

（5）仪器在使用过程中，请不要长时间输入过量程电压。

（6）仪器在自动测量过程中，进行量程切换时会出现瞬态的过量程现象，此时只要输入电压不超过最大量程，片刻后读数即可稳定下来。

（7）仪器在通信程中若出现通信中断，且在短时间内不能自动连接，请重新启动计算机通信程序。

（8）本仪器属于测量仪器，非专业人员不得进行拆卸、维修和校正，以免影响其测量精度。

6.2　DF1701S 系列可调式直流稳压、稳流电源使用说明

6.2.1　概　述

DF1701S 系列为一种 3 输出的直流稳定电源，面板上每路可调电源用一组带背光的 LCD 显示，通过开关选择所指示电源的输出电压或输出电流值，具有稳压与稳流自动转换功能，其电路由调整管功率损耗控制电路、运算放大器和带有温度补偿的基准稳压器等组成。因此，电路稳定可靠，电源输出电压调整范围 0～30 V（不同型号参数有所不同）。在稳流状态时，稳流输出电流在 0～3 A 连续可调。在双路输出时两路可调电源间可以任意进行串联或并联，在串联和并联的同时又可由一路主电源进行电压或电流（并联时）跟踪。串联时最高输出电压可达两路电压额定值之和，并联时最大输出电流可达两路电流额定值之和。两组电源均具有可靠的过载保护功能，输出过载或短路都不会损坏电源。

6.2.2　主要技术指标

（1）输入电压：AC 220 $^{+22}_{-11}$ V，（50 ± 2）Hz。

（2）双路可调整电源：

① 额定输出电压范围：0～30 V（不同型号参数有所不同）。

② 额定输出电流范围：0～3 A（不同型号参数有所不同）。

③ 保护：电流限制保护，并能自动恢复。

④ 三位半数字电压表和电流表，精度：±1%，±2 个字。

⑤ 其他：双路电源可进行串联和并联，串、并联时可由一路主电源进行输出电压调节，此时从电源输出的电压严格跟踪主电源输出电压值。并联稳流时也可由主电源调节稳流输出电流，此时从电源输出的电流严格跟踪主电源输出的电流值。纹波与噪声：CV ≤ 1 mV（rms），

（3）工作时间：可 8 h 连续工作。

6.2.3　工作原理

可调电源由整流滤波电路，辅助电源电路，基准电压电路，稳压、稳流比较放大电路，调整电路及稳压稳流取样电路等组成。其方框图如图 6.2.1 所示。

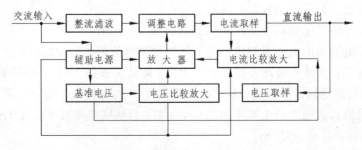

图 6.2.1　可调电源原理方框图

当输出电压由于电源电压或负载电流的变化引起变动时，变动的信号经稳压取样电路与基准电压相比较，所得误差信号再经比较放大器放大后，由放大电路控制调整管将输出电压调整为给定值。因为比较放大器由集成运算放大器组成，增益很高，因此，输出端有微小的电压变动，也能得到调整，以达到高稳定输出的目的。

稳流调节与稳压调节基本一样，因此同样具有高稳定性。本电源电压、电流采用 LCD 显示，因此可以适时对各路输出的电压、电流值进行观察。

6.2.4　使用方法

面板排列如图 6.2.2 所示。

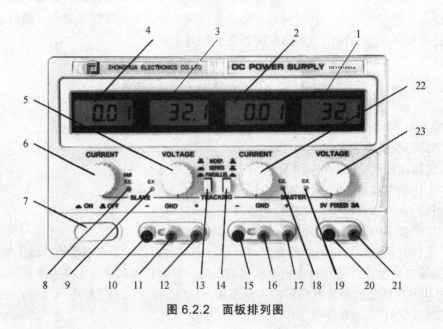

图 6.2.2　面板排列图

1. 图 6.2.2 面板各控制件的作用

1——数字电表：指示主路输出电压值；

2——数字电表：指示主路输出电流值；

3——数字电表：指示从路输出电压值；

4——数字电表：指示从路输出电流值；

5——从路稳压输出电压调节旋钮：调节从路输出电压值；

6——从路稳流输出电流调节旋钮：调节从路输出电流值（即限流保护点调节）；

7——电源开关：当此电源开关被置于"ON"（即开关被按下时），机器处于"开"状态，此时稳压指示灯亮或稳流指示灯亮，反之，机器处于"关"状态（即开关弹起时）；

8——从路稳流状态或两路电源并联状态指示灯：当从路电源处于稳流工作状态或两路电源处于并联状态时，此指示灯亮；

9——从路稳压状态指示灯：当从路电源处于稳压工作状态时，此指示灯亮；

10——从路直流输出负接线柱：输出电压的负极，接负载负端；

11——机壳接地端：机壳接大地端；

12——从路直流输出正接线柱：输出电压的正极，接负载正端；

13——两路电源独立、串联、并联控制开关；

14——两路电源独立、串联、并联控制开关；

15——主路直流输出负接线柱：输出电压的负极，接负载负端；

16——机壳接地端：机壳接大地端；

17——主路直流输出正接线柱：输出电压的正极，接负载正端；

18——主路稳流状态指示灯：当主路电源处于稳流工作状态时，此指示灯亮；

19——主路稳压状态指示灯：当主路电源处于稳压工作状态时，此指示灯亮；

20——固定 5 V 直流电源输出负接线柱：输出电压负极，接负载负端；

21——固定 5 V 直流电源输出正接线柱：输出电压正极，接负载正端；

22——主路稳流输出电流调节旋钮：调节主路输出电流值（即限流保护点调节）。

23——主路稳压输出电压调节旋钮：调节主路输出电压值。

2．使用说明

1）可调电源独立使用

各开关、旋钮如面板图 6.2.2 所示。

（1）将面板上的 13 和 14 开关分别置于弹起位置（即■位置）。

（2）可调电源作为稳压源使用时，首先应将面板上的稳流调节旋钮 6 和 22 顺时针调节到最大，然后打开电源开关 7，并调节电压调节旋钮 5 和 23，使输出直流电压至需要的电压值，此时稳压状态指示灯 9 和 19 发光。

（3）可调电源作为稳流源使用时，在打开面板上的电源开关 7 后，先将稳压调节旋钮 5 和 23 顺时针调到最大，同时将稳流调节旋钮 6 和 22 反时针调到最小，然后接上所需负载，再顺时针调节稳流调节旋钮 6 和 22，使输出电流至所需要的稳定电流值。此时稳压状态指示灯 9 和 19 熄灭，稳流状态指示灯 8 和 18 发光。

（4）在作为稳压源使用时，面板上的稳流电流调节旋钮 6 和 22 一般应该调至最大，但是本电源也可以任意设定限流保护点。设定办法是，打开电源，反时针将稳流调节旋钮 6 和 22 调到最小，然后接上负载，并顺时针调节稳流调节旋钮 6 和 22，使输出电流等于所要求的限流保护点的电流值，此时限流保护点就被设定好了。

（5）若电源只带一路负载时，为延长机器的使用寿命，减少功率管的发热量，请将负载接在主路电源上。

2）双路可调电源串联使用

（1）将面板上的 13 开关按下（即■位置），14 开关置于弹起（即■位置），此时调节主电源电压调节旋钮 23，从路的输出电压严格跟踪主路输出电压。使输出电压最高可达两路电流的额定值之和（即端子 10 和 17 之间的电压）。

（2）在两路电源串联以前应先检查主路和从路电源的负端是否有连接片与接地端相连，

如有则应将其断开，否则在两路电源串联时会造成从路电源短路。

（3）在两路电源处于串联状态时，两路的输出电压由主路控制，但是两路的电流调节仍然是独立的。因此，在两路串联时应注意面板上电流调节旋钮 6 的位置，如旋钮 6 在反时针到底的位置或从路输出电流超过限流保护点，则从路的输出电压将不再跟踪主路的输出电压。所以一般两路串联时应将旋钮 6 顺时针旋到最大。

（4）在两路电源串联时，如有功率输出，则应用与输出功率相对应的导线将主路的负端和从路的正端可靠短接。因为机器内部是通过一个开关短接的，所以当有功率输出时短接开关将通过输出电流。长此下去对提高整机的可靠性没有帮助。

3）双路可调电源并联使用

（1）将面板上的 13 开关按下（即 ▬ 位置），14 开关也按下（即 ▬ 位置），此时两路电源并联，调节主电源电压调节旋钮 23，两路输出电压一样。同时从路稳流指示灯 8 发光。

（2）在两路电源处于并联状态时，从路电源的稳流调节面板上的旋钮 6 不起作用。当电源作稳流源使用时，只需调节主路的稳流调节旋钮 22，此时主、从路的输出电流均受其控制且值相同。其输出电流最大可达两路输出电流之和。

（3）在两路电源并联时，如有功率输出，则应用与输出功率对应的导线分别将主、从电源的正端和正端、负端和负端可靠短接，以使负载可靠地接在两路输出的输出端子上。否则，若将负载只接在一路电源的输出端子上，将有可能造成两路电源输出电流的不平衡，同时也有可能造成串并联开关的损坏。

本电源的输出指示为三位半，如果要想得到更精确的值，需在外电路用更精密的测量仪器校准。

6.2.5　注意事项

（1）本电源设有完善的保护功能。

两路可调电源具有限流保护和短路保护功能，由于电路中设置了调整管功率损耗控制电路，因此，当输出发生过载现象时，大功率调整管上的功率损耗并不是很大，完全不会对本电源造成任何损坏。但是过载时本电源仍有功率损耗，为了减少不必要的机器老化和能源消耗，应尽早发现并关掉电源，将故障排除。

（2）输出空载时限流电位器逆时针旋足（调为 0 时），电源即进入非工作状态，其输出端可能有 1 V 左右的电压显示，这属于正常现象，非电源的故障。

（3）使用完毕后，请将电源放在干燥通风的地方，并保持清洁，若长期不使用，应将电源插头拔下后再存放。

（4）对稳定电源进行维修时，必须将输入电源断开。

（5）因电源使用不当或使用环境异常及机内元器件失效等均可能引起电源故障。当电源发生故障时，输出电压有可能超过额定输出最高电压，使用时请务必注意！谨防造成不必要的负载损坏。

（6）三芯电源线的保护接地端必须可靠接地，以确保使用安全！

6.3　DF1405 系列函数/任意波形发生器操作简介

6.3.1　主要特性

DF1405 系列函数/任意波形发生器的主要特性包括：

（1）60 MHz（或 25 MHz）的正弦波输出，全频段 1 μHz 的分辨率。

（2）25 MHz（或 5 MHz）的脉冲波形，上升、下降及占空比时间可调。

（3）250 MS/s（或 125 MS/s）采样速度和 14 bit 垂直分辨率。

（4）兼容 TTL 电平信号的 6 位高精度频率计。

（5）标配等性能双通道，且具有通道独立输出模式。

（6）1 M 点（或 8 K 点）任意波存储器，48 个非易失波形存储。

（7）丰富的调制类型：AM、FM、PM、ASK、FSK、PSK、PWM 等。

（8）功能强大的上位机软件。

（9）4.3″ 高分辨率 TFT 彩色液晶显示。

（10）标准配置接口：USB Host，USB Device，选配 LAN 口。

（11）双通道可分别或同时：内部/外部调制、内部/外部/手动触发。

（12）支持频率扫描和脉冲串输出。

（13）易用的多功能旋钮和数字小键盘。

6.3.2　面板和按键介绍

1.　前面板

前面板如图 6.3.1 所示。

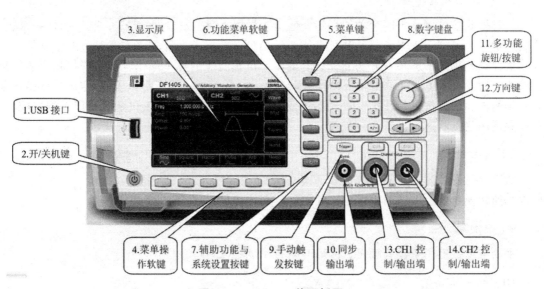

图 6.3.1　DF140 前面板图

1）USB 接口

本仪器支持 FAT16、FAT32 格式的 U 盘。通过 USB 接口可以读取已存入 U 盘中的任意波形数据文件，存储或读取仪器当前状态文件。

2）开/关机键

开/关机键用于启动或关闭仪器。按此键背光灯亮（橙色），随后显示屏显示开机界面后再进入功能界面。为防止意外碰到开/关机键而关闭仪器，必须长按开/关机键约 500 ms 来关闭仪器。关闭仪器后按键背光和屏幕同时熄灭。

注意：开/关机键在仪器正常通电且后面板上的电源开关置"I"情况下有效。要关闭仪器 AC 电源，请将后面板上的电源开关置"O"或拔出电源线。

3）显示屏

4.3″ 高分辨率 TFT 彩色液晶显示屏通过色调的不同区分通道 1 和通道 2 的输出状态、功能菜单和其他重要信息，并通过系统界面使人机交互变得更简捷。

4）菜单操作软键

通过软键标签的标识可对应地选择或查看标签（位于功能界面的下方）的内容，配合数字键盘或多功能旋钮或方向键对参数进行设置。

5）菜单键

通过按菜单键弹出四个功能标签：波形、调制、扫频、脉冲串，按对应的功能菜单软键可获得相应的功能。

6）功能菜单软键

通过软键标签的标识对应地选择或查看标签（位于功能界面的右方）的内容。

7）辅助功能与系统设置按键

通过按此按键可弹出四个功能标签：通道一设置、通道二设置、I/O（或频率计）、系统，高亮显示（标签的正中央为灰色并且字体为纯白色）的标签在屏幕下方有对应的子标签，子标签更详细地描述了屏幕右方功能标签的内容，可按对应的菜单操作软键来获得相应的信息或设置，如设置通道（如输出阻抗设置：1 Ω 至 10 kΩ 可调，或者高阻）、指定电压限值、配置同步输出、语言选择、开机参数、背光亮度调节、DHCP（动态主机配置协议）端口配置、存储和调用仪器状态、设置系统相关信息、查看帮助主题列表等。

8）数字键盘

数字键盘用于输入所需参数的数字键 0 至 9、小数点"."、符号键"+/−"。小数点"."可以快速切换单位，左方向键可退格并清除当前输入的前一位。

9）手动触发按键

手动触发按键用于设置触发，闪烁时执行手动触发。

10）同步输出端

同步输出端输出所有标准输出功能（DC 和噪声除外）的同步信号，可正常输出。

11）多功能旋钮/按键

旋转多功能旋钮可改变数字（顺时针旋转数字增大）或作为方向键使用，按多功能旋钮可选择功能或确定设置的参数。

12）方向键

方向键配合多功能旋钮设置参数，用于切换数字的位或清除当前输入的前一位数字或移动（向左或向右）光标的位置。

13）CH1 控制/输出端

CH1 控制/输出端用于快速切换屏幕上显示的当前通道（CH1 信息标签高亮表示为当前通道，此时参数列表显示通道 1 相关信息，以便对通道 1 的波形参数进行设置）。若通道 1 为当前通道（CH1 信息标签高亮），可通过按 CH1 键快速关闭通道 1 输出，也可以通过按 Utility 键弹出标签后再按通道一设置软键来设置。通道 1 开启时，CH1 键背光灯亮，在 CH1 信息标签的右方会显示当前输出的功能模式（"波形形状"或"调制"字样或"扫频"字样或"脉冲串"字样），同时 CH1 输出端输出信号。通道 1 关闭时，CH1 键背光灯灭，在 CH1 信息标签的右方会显示"关"字样，同时关闭 CH1 输出端。

14）CH2 控制/输出端

CH2 控制/输出端用于快速切换在屏幕上显示的当前通道（CH2 信息标签高亮表示为当前通道，此时参数列表显示通道 2 相关信息，以便对通道 2 的波形参数进行设置）。若通道 2 为当前通道（CH2 信息标签高亮），可通过按 CH2 键快速关闭通道 2 输出，也可以通过按 Utility 键弹出标签后再按通道二设置软键来设置。通道 2 开启时，CH2 键背光灯亮，在 CH2 信息标签的右方会显示当前输出的功能模式（"波形形状"或"调制"字样或"扫频"字样或"脉冲串"字样），同时 CH2 输出端输出信号，通道 2 关闭时 CH2 键背光灯灭，在 CH2 信息标签的右方会显示"关"字样，同时关闭 CH2 输出端。

2. 后面板

后面板如图 6.3.2 所示。

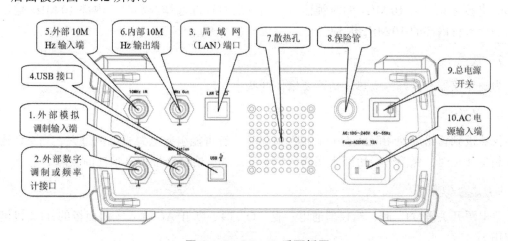

图 6.3.2 DF140 后面板图

1）外部模拟调制输入端

在 AM、FM、PM 或 PWM 信号调制时，当调制源选择外部时，通过外部模拟调制输入端输入调制信号，对应的调制深度、频率偏差、相位偏差或占空比偏差由外部模拟调制输入端的 ± 5 V 信号电平控制。

2）外部数字调制或频率计接口

在 ASK、FSK、PSK 信号调制时，当调制源选择外部时，通过外部数字调制接口输入调制信号，对应的输出幅度、输出频率、输出相位由外部数字调制接口的信号电平决定。当频率扫描或脉冲串的触发源选择外部时，通过外部数字调制接口接收一个具有指定极性的 TTL 脉冲，此脉冲可以启动扫描或输出指定循环数的脉冲串。脉冲串模式类型为门控时，通过外部数字调制接口输入门控信号。使用频率计功能时，通过此接口输入信号（兼容 TTL 电平）。还可以对频率扫描或脉冲串进行触发信号的输出（当触发源选择外部时，参数列表中会隐藏触发输出选项，因为外部数字调制接口不可能同时用于输入和输出）。

3）局域网（LAN）端口

局域网（LAN）端口可以将此仪器连接至局域网，以实现远程控制。

4）USB 接口

通过此 USB 接口来与上位机软件连接，实现计算机对本仪器的控制（如对系统程序进行升级，以确保当前函数/任意波形发生器的程序为本公司最新发布的程序版本）。

5）外部 10 MHz 输入端

通过外部 10 MHz 输入端可实现多个 DF1405 函数/任意波形发生器之间的同步或与外部 10 MHz 时钟信号的同步。当仪器时钟源选择外部时，外部 10 MHz 输入端接收一个来自外部的 10MHz 时钟信号。

6）内部 10 MHz 输出端

通过内部 10 MHz 输出端可实现多个 DF1405 函数/任意波形发生器之间建立同步，或向外部输出参考频率为 10 MHz 的时钟信号。当仪器时钟源选择内部时，内部 10 MHz 输出端输出一个来自内部的 10 MHz 时钟信号。

7）散热孔

为确保仪器有良好的散热，请不要堵住这些小孔。

8）保险管

仪器遭到雷击或使用时间太久某元件损坏时，有可能引起电源板电流过大，当 AC 输入电流超过 2 A 时，保险管会熔断来切断 AC 输入，避免给仪器带来灾难性的故障。

9）总电源开关

总电源开关置"I"时，给仪器通电；置"O"时，断开 AC 输入（前面板的开/关机键不起作用）。

10）AC 电源输入端

本函数/任意波形发生器支持的交流电源规格为：100～240 V，45～440 Hz，电源保险丝：250 V，T2A。

3. 功能界面

功能界面如图 6.3.3 所示：

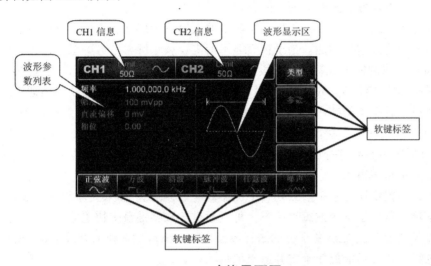

图 6.3.3　功能界面图

1）CH1 信息

高亮显示（标签的正中央显示红色）时表示显示屏只显示通道 1 的信息，可对此通道进行参数设置。非高亮显示时不能对此通道进行参数设置，可按 CH1 按键来快速切换。在标签中央的上方有一个"Limit"标识，它表示输出幅度限制，白色有效，灰色为无效。标签中央的下方会显示输出端要匹配的阻抗（1 Ω 至 10 kΩ 可调，或为高阻，出厂默认为 50 Ω）。标签右边会显示当前有效的波形（"波形形状"或"调制"字样或"扫频"字样或"脉冲串"字样）或灰色的"关"字样（表示已关闭通道的输出端）。

2）CH2 信息

高亮显示（标签的正中央显示天蓝色）时表示显示屏只显示通道二的信息，可对此通道进行参数设置。非高亮显示时不能对此通道进行参数设置，可按 CH2 按键来快速切换。在标签中央的上方有一个"Limit"标识，它表示输出幅度限制，白色为有效，灰色为无效。标签中央的下方会显示输出端要匹配的阻抗（1 Ω 至 10 kΩ 可调，或为高阻，出厂默认为 50 Ω）。标签右边会显示当前有效的波形（"波形形状"或"调制"字样或"扫频"字样或"脉冲串"字样）或灰色的"关"字样（表示已关闭通道的输出端）。

3）软键标签

用于标识旁边的功能菜单软键和菜单操作软键的当前功能。高亮显示：高亮显示表示标签的正中央显示当前通道的颜色或系统设置时的灰色，并且字体为纯白色。

（1）屏幕右方的标签：如果标签高亮显示，说明被选中，则位于屏幕下方的 6 个子软键标签显示的就是它指示的内容（注意：如果当前被选中的标签子目录级数比较多，则下方显示的不一定是它下一级子目录的内容。例如：上图中的类型标签高亮显示，屏幕下方恰好显示的是波形的种类，属于类型标签的下一级目录，但如果此时按 Menu 键，右方的标签将会是波形标签高亮，而屏幕下方的标签内容没变，并不是显示波形标签的下一级子目录。波形标签的下一级子目应该是类型和参数）。如果要显示的子标签数大于 6 个，则需要分多屏显示，要查看下一屏，按标签右边对应的功能菜单软键即可。

（2）屏幕下方的子标签：当子标签所显示的内容属于屏幕右方的类型标签下级目录时，以高亮显示表示为选中的功能。当子标签显示的内容属于屏幕右方的参数标签〔或属于通过按 Utility 按键弹出的四个标签通道一设置、通道二设置、I/O（或频率计）、系统中的一种〕的下级目录时，它与波形参数列表区内容一一对应，以标签的边缘显示当前通道颜色（系统设置时为灰色）且字体为纯白色来表示"选中"（参数列表中以字体为纯白色来表示选中）；此时按菜单操作软键或多功能旋钮对应的软键子标签将高亮显示来表示进入"参数编辑状态"，可以对列表中参数进行设置，也可旋转多功能旋钮来改变参数。参数设定后通过按多功能旋钮确定并退出编辑状态。若标签处于"选中"状态而不是"编辑"状态时，可以通过多功能旋钮或方向键切换标签（参数列表中也会对应地移动）。如果要修改的参数是以数字+单位表示且该项参数处于选中或编辑状态，可以通过按数字键盘来快速输入（左方向键可用来删除当前输入的前一位），屏幕下方的子标签会自动弹出可供选择的有效单位，输入完毕后通过按操作软键或按多功能旋钮确定并退出编辑状态。

4）波形参数列表

波形参数列表以列表的方式显示当前波形的各种参数，如果列表中某一项显示为纯白色，则可以通过菜单操作软键、数字键盘、方向键、多功能旋钮的配合进行参数设置。如果当前字符底色为当前通道的颜色（系统设置时为白色），说明此字符进入编辑状态，可用方向键或数字键盘或多功能旋钮来设置参数。

5）波形显示区

波形显示区显示该通道当前设置的波形形状（可通过颜色或 CH1/CH2 信息栏的高亮来区分是哪一个通道的当前波形，左边的参数列表显示该波形的参数）。注：系统设置时没有波形显示区，此区域被扩展成参数列表。

6.3.3　输出基本波形

1. 设置输出频率

在接通电源时，波形默认配置为一个频率为 1 kHz，幅度为 100 mV 峰-峰值的正弦波（以 50 Ω 端接）。将频率改为 2.5 MHz 的具体步骤如下：

（1）依次按 Menu→波形→参数→频率（如果按参数软键后没有在屏幕下方弹出频率标签，则需要再次按参数软键进行下一屏子标签显示）。在更改频率时，若当前频率值是有效的，则使用同一频率。若要设置波形周期，请再次按频率软键切换到周期，频率和周期可以相互切换。

（2）使用数字键盘输入所需数字 2.5，如图 6.3.4 所示。

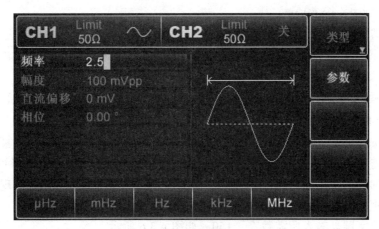

图 6.3.4　设置输出频率图

（3）选择所需单位。

按对应于所需单位的软键。选择单位时，波形发生器以显示的频率输出波形（如果输出已启用）。在本例中，按 MHz。

注意：多功能旋钮和方向键的配合也可进行此参数设置。

2. 设置输出幅度

在接通电源时，波形默认配置为一个幅度为 100 mV 峰-峰值的正弦波（以 50 Ω 端接）。将幅度改为 300 mVpp 的具体步骤如下：

（1）依次按 Menu→波形→参数→幅度（如果按参数软键后没有在屏幕下方弹出幅度标签，则需要再次按参数软键进行下一屏子标签显示）。在更改幅度时，若当前幅度值是有效的，则使用同一幅度值。再次按幅度软键可进行单位的快速切换（在 Vpp、Vrms、dBm 之间切换）。

（2）使用数字键盘输入所需数字 300，如图 6.3.5 所示。

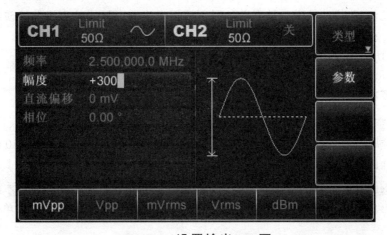

图 6.3.5　设置输出幅度图

（3）选择所需单位。

按对应于所需单位的软键。选择单位时，波形发生器以显示的幅度输出波形（如果输出已启用）。在本例中，按 mVpp。

注意：多功能旋钮和方向键的配合也可进行此参数设置。

3. 设置 DC 偏移电压

在接通电源时，波形默认为 DC 偏移电压为 0 V 的正弦波（以 50 Ω 端接）。将 DC 偏移电压改为 − 150 mV 的具体步骤如下：

（1）依次按 Menu→波形→参数→直流偏移（如果按参数软键后没有在屏幕下方弹出直流偏移标签，则需要再次按参数软键进行下一屏子标签显示）。在更改 DC 偏移时，若当前 DC 偏移值是有效的，则使用同一 DC 偏移值。再次按直流偏移软键时，你会发现原来用于描述波形的幅度和直流偏移参数已变为高电平（最大值）和低电平（最小值）。

（2）使用数字键盘输入所需数字 − 150，如图 6.3.6 所示。

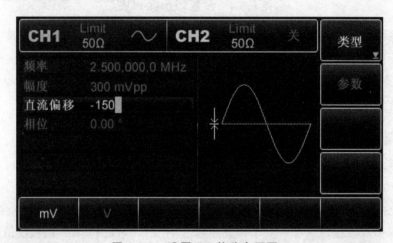

图 6.3.6　设置 DC 偏移电压图

（3）选择所需单位。

按对应于所需单位的软键。选择单位时，波形发生器以显示的直流偏移输出波形（如果输出已启用）。在本例中，按 mV。

注意：多功能旋钮和方向键的配合也可进行此参数设置。

4. 设置方波

方波的占空比表示每个循环中方波处于高电平的时间量（假设波形不是反向的）。在接通电源时，方波默认的占空比是 50%，占空比受最低脉冲宽度规格 20 ns（或 40 ns）的限制。设置频率为 1 kHz，幅度为 1.5 Vpp，直流偏移为 0 V，占空比为 70% 方波的具体步骤如下：

依次按 Menu→波形→类型→方波→参数（如果类型标签处于非高亮显示，才需要按类型软键进行选中），要设置某项参数先按对应的软键，再输入所需数值，然后选择单位即可。如图 6.3.7 所示。

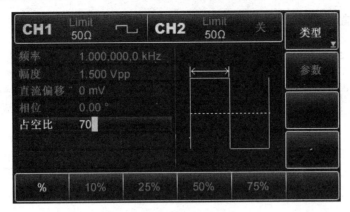

图 6.3.7　设置方波图

注意：多功能旋钮和方向键的配合也可进行此参数设置。

5. 设置脉冲波

脉冲波的占空比表示每个循环中从脉冲的上升沿的 50% 阈值到下一个下降沿的 50% 阈值之间时间量（假设波形不是反向的）。通过对 DF1405 函数/任意波形发生器进行参数配置，可以输出具有可变脉冲宽度和边沿时间的脉冲波形。在接通电源时，脉冲波默认占空比为 50%，上升/下降沿时间为 1 μs，现设置周期为 2 ms，幅度为 1.5 Vpp，直流偏移为 0 V，占空比［受最低脉冲宽度规格 20 ns（或 40 ns）的限制］为 25%，上升沿时间为 200 μs，下降沿时间为 200 μs 的方波的具体步骤如下：

（1）依次按 Menu→波形→类型→脉冲波→参数（如果类型标签处于非高亮显示，才需要按类型软键进行选中），再按频率软键实现频率与周期的转换。

（2）输入所需数值，然后选择单位即可。在输入占空比数值时，屏幕下方会有 25% 的标签，按对应的软键即可快速输入，当然，也可以输入数字 25 再按 % 来完成输入。要对下降沿时间进行设置请再次按参数软键或在子标签处于选中的状态下向右旋多功能旋钮进行下一屏子标签的显示（子标签"选中"状态边缘为当前通道颜色，子标签高亮时为"编辑状态"，请参见图 6.3.3 所示功能界面），再按下降沿软键输入所需数值，然后选择单位即可。如图 6.3.8 所示。

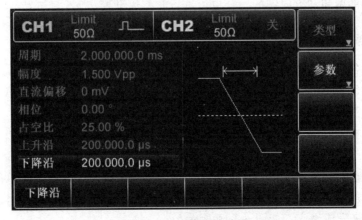

图 6.3.8　设置脉冲波图

注意：多功能旋钮和方向键的配合也可进行此参数设置。

6. 设置直流电压

实际上直流电压的输出就是对前面提到的直流偏移进行设置，所以在对前面的直流偏移函数进行更改时，直流电压（DC 偏移）的默认值已更改，在接通电源时，直流电压默认为 0 V。将 DC 偏移电压改为 3 V 的具体步骤如下：

（1）依次按 Menu→波形→类型→直流（如果按波形软键后类型标签非高亮时，需要两次按类型软键，第一次代表高亮进行选中，第二次代表进行下一屏子标签显示）。在更改直流电压（DC 偏移）时，若当前直流电压（DC 偏移）值是有效的，则使用同一直流电压（DC 偏移）值。

（2）使用数字键盘输入所需数字 3，如图 6.3.9 所示。

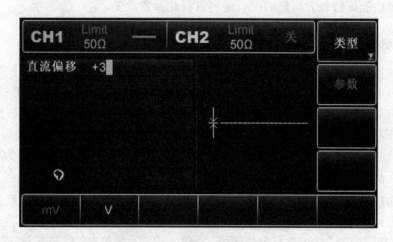

图 6.3.9　设置直流电压图

（3）选择所需单位。

按对应于所需单位的软键。选择单位时，波形发生器以显示的直流偏移输出波形（如果输出已启用）。在本例中，按 V。

注意：多功能旋钮和方向键的配合也可进行此参数设置。

7. 设置斜波

对称度表示每个循环中斜波斜率为正的时间量（假设波形不是反向的）。在接通电源时，斜波默认的对称度是 100%。设置频率为 10 kHz，幅度为 2 V，直流偏移为 0 V，占空比为 50% 的三角波的具体步骤如下：

（1）依次按 Menu→波形→类型→斜波→参数（如果类型标签处于非高亮显示，才需要按类型软键进行选中）。

（2）设置某项参数时，先按对应的软键，再输入所需数值，然后选择单位即可。在输入对称度数值时，屏幕下方会有 50% 的标签，按对应的软键即可快速输入，当然您也可以输出数字 50 再按 % 来完成输入。如图 6.3.10 所示。

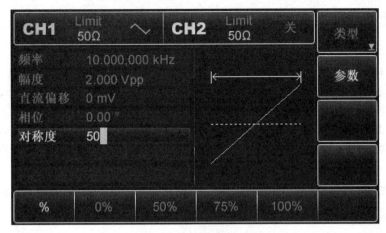

图 6.3.10　设置斜波图

注意：多功能旋钮和方向键的配合也可进行此参数设置。

8. 设置噪声波

DF1405 函数/任意波形发生器内默认的是幅度为 100 mVpp，直流偏移为 0 mV 的准高斯噪声，若对其他波形的幅度和直流偏移函数进行了更改，噪声波默认值也已更改，只能对噪声波的幅度和直流偏移进行更改。设置幅度为 300 mVpp，直流偏移 1 V 的准高斯噪声具体步骤如下：

（1）依次按 Menu→波形→类型→噪声→参数（如果类型标签处于非高亮显示，才需要按类型软键进行选中）。

（2）设置某项参数时，先按对应的软键，再输入所需数值，然后选择单位即可。如图 6.3.11 所示。

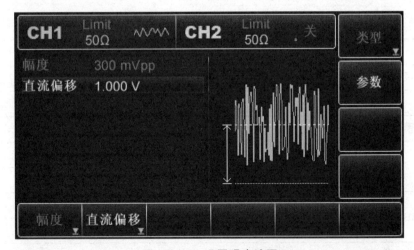

图 6.3.11　设置噪声波图

注意：多功能旋钮和方向键的配合也可进行此参数设置。

本仪器还很多功能，使用时请参考 DF1405 系列函数/任意波形发生器使用说明书。

6.4　DF4320 型 20 MHz 双通道示波器使用说明

6.4.1　概　述

　　本示波器为 20 MHz 便携式双通道示波器。垂直灵敏度为 5 mV/div ~ 20 V/div。水平扫描速率为 0.1 μs/div ~ 0.2 s/div，并有 ×5 扩展功能，可将扫描速率扩展到 20 ns/div。本机的触发功能完善，有自动、常态、单次三种触发方式可供选择。此外本机还具有电视场同步功能，可获得稳定的电视场信号显示。

　　本机结构坚固，外形美观（见图 6.4.1），内刻度矩形示波管具有 80 mm × 100 mm 的观察面，显示清晰、明亮。

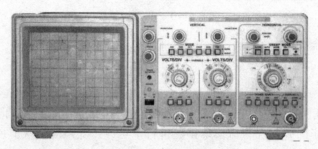

图 6.4.1　外观图

6.4.2　主要技术性能

1. 垂直偏转系统

　　垂直偏转系统主要技术数据如表 6.4.1 所示。

表 6.4.1

项　　目		指　　标
偏转因数范围		5 mV/div ~ 20 V/div，按 1—2—5 顺序分 12 挡
精度		±5%
微调控制范围		>2.5 : 1
上升时间	+ 5 °C ~ + 35 °C	≤17.5 ns
	0 °C ~ 5 °C 或 35 °C ~ 40 °C	≤23.3 ns
带宽（−3 dB）	+ 5 °C ~ + 35 °C	≥20 MHz
	0 °C ~ 5 °C 或 35 °C ~ 40 °C	≥15 MHz
AC 耦合下限频率		≤10 Hz
输入 RC		直接：1×（1±2%）MΩ（±5 pF）
最大安全输入电压		≤400 V_pk

2. 触发系统

触发系统主要技术数据如表 6.4.2 所示。

表 6.4.2

触发灵敏度	常态或自动方式	内	1.5 div
		外	0.5 V
	电视场方式	内：1 div	
	（复合同步信号测试）	外：0.3 V	
	在"自动"方式时的下限触发频率	≤20 Hz	

3. 水平偏转系统

水平偏转系统主要技术数据如表 6.4.3 所示。

表 6.4.3

项　　目	指　　标
扫描时间因数范围	0.2 s/div ~ 0.1 μs/div，按 1—2—5 顺序分 20 挡，使用扩展×5 时，最快扫描速率为 20 ns/div
精　　度	×1；±5%
	×5；±8%
微调控制范围	≥2.5：1
扫描线性	×1；±5%
	×5；±10%

4. X-Y 方式

X-Y 方式主要技术数据如表 6.4.4 所示。

表 6.4.4

偏转因数	同垂直偏转系统
精　　度	同垂直偏转系统
带宽（-3 dB）	0 ~ 1 MHz
X-Y 相位差	≤3°（0 ~ 50 kHz）

5. Z 轴系统

Z 轴系统主要技术数据如表 6.4.5 所示。

表 6.4.5

灵敏度	5 V
输入极性	低电压加亮
频率范围	0 ~ 1 MHz
输入电阻	10 kΩ
最大安全输入电压	50 V（DC + ACpeak）

6. 校准信号

校准信号主要技术数据如表 6.4.6 所示。

表 6.4.6

波　形	方　波
幅　度	0.5 ×（1±2%）V
频　率	1 ×（1±2%）kHz

7. 示波管

示波管主要技术数据如表 6.4.7 所示。

表 6.4.7

项　目	指　标
有效工作	8 div ×10 div（1 div = 1 cm）
加速电压	2 000 V
发光颜色	绿　色

8. 电　源

电源主要技术数据如表 6.4.8 所示。

表 6.4.8

电压范围	110 V：99 ~ 121 V
	220 V：198 ~ 242 V
频　率	48 ~ 62 Hz
最大功率	40 W

6.4.3 操作说明

1. 控制件位置图

前面板控制件位置如图 6.4.2 所示。

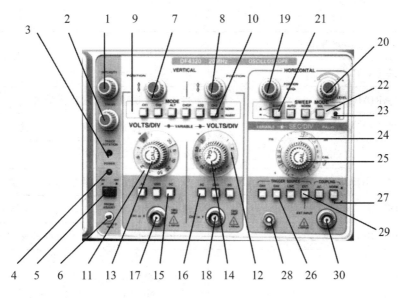

图 6.4.2　前面板控制件位置图

2．控制件的作用

表 6.4.9 列出了本示波器所有控制件的名称和功能简介，关于这些控制件如何使用，将在本节后面的内容中详细说明。

表 6.4.9

序号	控制件名称	功　　能
1	亮度（INTENSITY）	轨迹亮度调节
2	聚焦（FOCUS）	轨迹清晰度调节
3	轨迹旋转（TRACE ROTAION）	调节轨迹与水平刻度线平行
4	电源指示（POWER INDICATOR）	电源接通时指示灯亮
5	电源（POWER）	电源接通或关闭
6	校准信号（PROBE ADJUST）	提供幅度为 0.5 V，频率为 1 kHz 的方波信号，用于调整探头的补偿和检测垂直和水平电路的基本功能
7、8	垂直移位（VERTICAL POSITION）	调整轨迹在屏幕中的垂直位置
9	垂直方式（VERTICAL MODE）	垂直通道的工作方式选择： CH1 或 CH2：通道 1 或通道 2 单独显示 ALT：两个通道交替显示 CHOP：两个通道断续显示，用于在扫描速度较低时的双踪显示 ADD：用于显示两个通道的代数和或差
10	通道 2 极性（CH2 NORM/INVERT）	通道 2 的极性转换，垂直方式工作在"ADD"方式时，"NORM"或"INVERT"可分别获得两个通道代数和或差的显示

续表

序号	控制件名称	功　能
11、12	电压衰减（VOLTS/DIV）	垂直偏转灵敏度的调节
13、14	微调（VARIABLE）	用于连续调节垂直偏转灵敏度
15、16	耦合方式（AC-GND-DC）	用于选择被测信号馈入垂直的耦合方式
17、18	CH1 OR X；CH2 OR Y	被测信号的输入端口
19	水平移位（HORIZONTAL POSITION）	用于调节轨迹在屏幕中的水平位置
20	电平（LEVEL）	用于调节被测信号在某一电平触发扫描
21	触发极性（SLOPE）	用于选择信号上升或下降沿触发扫描
22	扫描方式（SWEEP MODE）	扫描方式选择：自动（AUTO）信号频率在 20 Hz 以上时常用的一种工作方式 常态（NORM）：无触发信号时，屏幕中无轨迹显示，在被测信号频率较低时选用 单次（SINGLE）：只触发一次扫描，用于显示或拍摄非重复信号
23	被触发或准备指示（TRIG'D READY）	在被触发扫描时指示灯亮，在单次扫描时，灯亮指示扫描电路在触发等待状态
24	扫描速率（SEC/DIV）	用于调节扫描速度
25	微调、扩展（VARIABLE　PULL×5）	用于连续调节扫描速度，在旋钮拉出时，扫描速度被扩大 5 倍
26	触发源（TRIGGER SOURCE）	用于选择产生触发的源信号
27	触发耦合（COUPLING）	用于选择触发信号的耦合方式
28	接地（⏚）	安全接地，可用于信号的连接
29	外触发输入（EXT INPUT）	在选择外触发方式时触发信号插座
30	Z 轴输入（ZAXIS INPUT）	亮度调制信号输入插座
31	电源插座（后面板）	电源输入插座
32	电源设置（后面板）	110 V 或 220 V 电源设置
33	保险丝座（后面板）	电源保险丝座

3. 操作方法

（1）电源电压的设置。本示波器具有两种电源电压设置方式，在接通电源前，应根据当地标准参见仪器后盖提示，将开关置合适的挡位，并选择合适的保险丝装入保险丝盒。

（2）面板一般功能的检查：

① 将有关控制件置于表 6.4.10 中所示的位置。

表 6.4.10

控制件名称	作用位置	控制件名称	作用位置
亮度（INTENSITY）	居　中	输入耦合（AC-GND-DC）	DC
聚焦（FOCUS）	居　中	扫描方式（SWEEP MODE）	自　动
位移（3 只）（POSITION）	居　中	极性（SLOPE）	正　常
垂直方式（MODE）	CH1	扫描速率（SEC/DIV）	0.5 ms
电压衰减（VOLTS/DIV）	0.1 V（×）	触发源（TRIGGER SOURCE）	CH1
微调（VARIABLE）	顺时针旋足	触发耦合方式（COUPLING）	AC　常态

② 接通电源，电源指示灯亮、稍等预热，屏幕中出现光迹，分别调节亮度和聚焦旋钮，使光迹的亮度适中、清晰。

③ 通过连接电缆将本机校准信号输入至 CH1 通道。

④ 调节电平旋钮使波形稳定，分别调节垂直移位和水平移位，使波形与图 6.4.3 相吻合。

⑤ 将连接电缆换至 CH2 通道插座，垂直方式置"CH2"，重复 ④ 操作。

（3）亮度控制：调节辉度电位器，使屏幕显示的轨迹亮度适中。一般观察不宜太亮，以避免荧光屏过早老化。高亮度的显示用于观察一些低重复频率信号的快速显示。

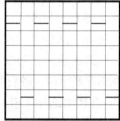

图 6.4.3　校准信号波形

（4）垂直系统的操作：

① 垂直方式的选择。当只需观察一路信号时，将"MODE"开关按入"CH1"或"CH2"，此时被选中的通道有效，被测信号可从通道端口输入；当需要同时观察两路信号时，将"MODE"开关置交替"ALT"，该方式使两个通道的信号得到交替显示，交替显示的频率受扫描周期控制。当扫速在低速挡时，交替方式的显示将会出现闪烁，此时应将开关置连续"CHOP"位置；当需要观察两路信号的代数和时，将"MODE"开关置"ADD"位置；在选择该方式时，两个通道的衰减设置必须一致；将"CH2 INVERT"按入，可得到两路信号代数差的显示。

② 输入耦合的选择。

直流（DC）耦合：适用于观察包含直流成分的被测信号，如信号的逻辑电平和静态信号的直流电平，当被测信号的频率很低时，也必须采用该方式。

交流（AC）耦合：信号中的直流成分被隔断，用于观察信号的交流成分，如观察较高直流电平中的小信号。

接地（GND）：通道输入端接地（输入信号断开）用于确定输入为零时光迹所在位置。

（5）水平系统的操作：扫描速度的设定，扫描范围从 0.1 μs/div ~ 0.2 s/div 按 1—2—5 进位分 20 挡步进，微调"VARIABLE"提供至少 2.5 倍的连续调节；根据被测信号频率的高低，选择合适的挡级；在微调顺时针旋足至校正位置时，可根据刻度盘的指示值和波形在水平轴方向上的距离读出被测信号的时间参数，当需要观察波形的某一个细节时，可拉出扩展旋钮，此时原波形在水平方向被扩展 5 倍。

（6）触发控制：

① 扫描方式的选择（SWEEP MODE）。

自动（AUTO）：当无触发信号输入时，屏幕上显示扫描光迹；一旦有触发信号输入，电路自动转换为触发扫描状态，调节电平可使波形稳定地显示在屏幕上，此方式是观察频率在 20 Hz 以上信号最常用的一种方式。

常态（NORM）：无信号输入时，屏幕上无光迹显示；有信号输入时，触发电平调节在合适位置上，电路被触发扫描，当被测信号频率低于 20 Hz 时，必须选择该方式。

单次（SINGLE）：用于产生单次扫描。按动此键，扫描方式开关均被复位，电路工作在单次扫描方式，"READY" 指示灯亮，扫描电路处于等待状态；当触发信号输入时，扫描产生一次，"READY" 指示灯灭，下次扫描需再次按动单次按键。

② 触发源的选择（TRIGGER SOURCE）。

触发源有四种方式选择，当垂直方式工作于 "交替" 或是 "断续" 时，触发源选择某一通道，可用于两通道时间或相位的比较，当两通道的信号（相关信号）频率有差异时，应选择频率低的通道用于触发。

在单踪显示时，触发源选择无论是置 "CH1" 或 "CH2"，其触发信号都来自被显示的通道。

③ 极性的选择（SLOPE）。用于选择触发信号的上升或下降沿去触发扫描。

④ 电平的设置（LEVEL）。用于调节被测信号在某一合适的电平上启动扫描，当产生触发扫描后，"TRIG" 指示灯亮。

⑤ 触发信号耦合方式的选择（COUPLING）。触发信号输入耦合方式的选择 "AC / DC"，仅适用于选择外触发信号的耦合，内触发信号的耦合被固定于 AC 状态。当需观察电视场信号时，将耦合方式置 "TV" 并同时根据电视信号的极性，将触发极性 "SLOPE" 置于相应位置，以获得稳定的电视场信号的同步。

6.4.4　测量方法

1. 测量前的检查和调整

为了使仪器获得最高的测量精度，避免产生某些明显误差，在测量前应对光迹旋转（TRACE ROTATION）进行检查或调整。

在正常情况下，被显示波形的水平方向应与屏幕的水平刻度线平行，但由于地磁或其他原因会造成误差，可按下列步骤检查或调整：

（1）预置仪器控制键，使屏幕获得一个扫描基线。

（2）调节垂直移位使扫描基线与水平刻度平行，如不平行，用起子调整前面板 "TRACE ROTATION" 控制器。

2. 幅值的测量

1）峰-峰电压的测量

对被测信号波形峰-峰电压的测量步骤如下：

（1）将信号输入至 CH1 或 CH2 插座，将垂直方式设置为选用通道。

（2）设置电压衰减器并观察波形，使被显示的波形幅度为 5 格左右，将衰减微调顺时针旋足（校正位置）。

（3）调整触发电平，使波形稳定。

（4）调整扫速控制器，使屏幕显示至少一个波形周期。

（5）调整垂直移位，使波形的底部在屏幕中某一水平坐标上（如图 6.4.4 A 点）。

（6）调整水平移位，使波形顶部在屏幕中央的垂直坐标上（如图 6.4.4 B 点）。

（7）测量垂直方向 A-B 两点的格数。

（8）按下面公式计算被测信号的峰-峰电压值（$V_{\text{p-p}}$）：

$$V_{\text{p-p}} = 垂直方向的格数 \times 垂直偏转因数$$

例如，在图 6.4.4 中，测出 A-B 两点的垂直格数为 4.6 格，垂直偏转因数为 5 V/div，则

$$V_{\text{p-p}} = 4 \times 5 = 20（V）$$

2）直流电压的测量

直流电压的测量步骤如下：

（1）设置面板控制器，使屏幕显示一扫描基线。

（2）设置被选用通道的耦合方式为"GND"（见图 6.4.5）。

（3）调节垂直移位，使扫描基线在某一水平坐标上，定义此时的电压为零。

（4）将信号馈入被选用的通道插座。

（5）将输入耦合置"DC"，调整电压衰减器，使扫描线偏移在屏幕中一个合适的位置上（微调顺时针旋足）。

（6）测量扫描线在垂直方向偏移基线的距离（见图 6.4.5）。

（7）按下式计算被测直流电压值：

$$V = 垂直方向格数 \times 垂直偏转因数 \times 偏转方向（+ 或 -）$$

例如，在图 6.4.5 中，测出扫描基线比原基线上移 3.8 格，偏转因数为 2 V/div，则

$$V = 3.8 \times 2 \times（+）= 7.6（V）$$

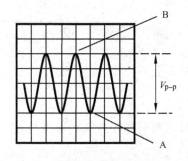

图 6.4.4　峰 - 峰电压的测量

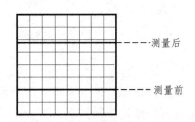

图 6.4.5　直流电压的测量

3）幅值比较（比例）

在某些应用中，需要对两个信号之间幅值的偏差（百分比）进行测量，步骤如下：

（1）将作为参考的信号馈入 CH1 或 CH2 端口，设置垂直方式为被显示的通道。

（2）调整电压衰减器和微调控制器使屏幕显示幅度为垂直方向的 5 格。

（3）在保持电压衰减器和微调控制器在原位置上不变的情况下，将参考信号换接至需比较的信号，调整垂直移位使波形底部在屏幕的 0 刻度上。

（4）调整水平移位使波形顶部在屏幕中央的垂直刻度线上。

（5）根据屏幕左侧的 0 和 100% 的百分比标注，从屏幕中央的垂直坐标上读出百分比。（1 小格等于 4%，针对 5 格计算）

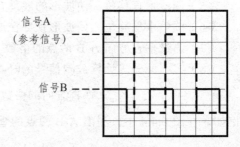

例如，在图 6.4.6 中，虚线表示参考波形，幅度为 5 格，实线为被比较的信号波形，垂直幅度为 1.5 格，则该信号的幅值为参考信号的 30%。

图 6.4.6　幅值比较

4）代数叠加

当需要测量两个信号的代数和或差时，可根据下列步骤操作：

（1）设置垂直方式为 "ALT" 或 "CHOP"（根据被测信号的频率），CH2 极性置 "NORM"。

（2）将两个信号分别馈入 CH1 和 CH2 插座。

（3）调整电压衰减器，使两个信号的显示幅度适中，调节垂直移位，使两个信号波形的垂直位置靠近屏幕中央。

（4）将垂直方式换置 "ADD"，即得到两个信号的代数和显示，若需要观察两个信号的代数差，则将 CH2 极性置 "INVERT"。

图 6.4.7 分别列举了两个信号的代数和或差的显示结果。

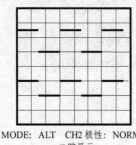
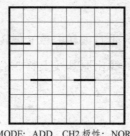

MODE: ALT　CH2 极性: NORM
二踪显示

MODE: ADD　CH2 极性: NORM
代数和显示

MODE: ADD　CH2 极性: INVERT
代数差显示

图 6.4.7　代数叠加显示

5）共模抑制

根据以上代数叠加的显示原理，用观察两路信号之差的操作方法，可抑制被测信号中不需要的交流成分。操作步骤如下：

（1）设置垂直方式为 "ALT" 或 "CHOP"，CH2 极性为 "NORM"。

（2）将含有不需要的交流成分的组合信号馈入 CH1 插座，将需要抑制的信号馈入 CH2 插座。

（3）调整 CH1 电压衰减使屏幕显示的幅度便于观察；调整 CH2 电压衰减器和微调节器旋钮，使 CH2 的显示幅度和 CH1 波形中需要抑制的幅度相等。

（4）将垂直方式置"ADD"，CH2 极性置"INVERT"，再一次调整 CH2 电压衰减微调，使被显示的波形中不需要的交流成分被最大限度地抑制（见图 6.4.8）。

CH1信号含有不需要的交流成分

CH2信号需要抑制的波形

不需要的交流成分被抑制

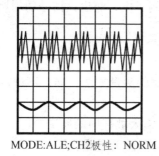
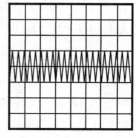

MODE:ALE;CH2极性：NORM　　　　　　　MODE:ADD;CH2极性：INVERT

图 6.4.8　共模抑制的显示

3. 时间测量

1）时间间隔的测量

对一个波形中两点间时间间隔的测量，可按下列步骤进行：

（1）将被测信号馈入 CH1 或 CH2 插座，设置垂直方式为选用的通道。

（2）调整触发电平使波形稳定显示。

（3）将扫速微调顺时针旋足（CAL 位置），调整扫速选择开关，使屏幕显示 1～2 个信号周期。

（4）分别调整垂直移位和水平移位，使波形中需测量的两点位于屏幕中央的水平刻度线上。

（5）测量两点间的水平距离，按下式计算出时间间隔。

$$时间间隔（s）= \frac{两点间的水平距离（格）\times 扫描时间因素（时间/格）}{水平扩展因数}$$

例如，在图 6.4.9 中，测得 A、B 两点的水平距离为 8 格，扫描时间因数设置为 2 ms/格，水平扩展为 ×1，则

$$时间间隔 = \frac{8（格）\times 2（ms/格）}{1} = 16（ms）$$

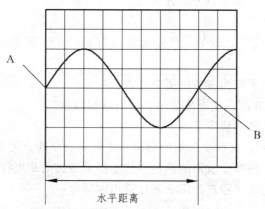

水平距离

图 6.4.9　时间间隔的测量

2）周期和频率的测量

在图 6.4.9 中，A、B 两点间的时间间隔的测量是一个特例，测量结果即为该信号的周期（T），该信号的频率 f 则为 $1/T$。例如，在上述例子中，测出该信号的周期为 16 ms，则该信号的频率为 $f = 1/T = 1/16 \times 10^{-2} = 62.5$（Hz）。

3）上升（或下降）时间的测量

上升（或下降）时间的测量方法和时间间隔的测量方法一样，不过被选择的测量点规定在波形满幅度的 10% 和 90% 两处，步骤如下：

（1）设置垂直方式为 CH1 和 CH2，将信号馈入被选中的通道。

（2）调整电压衰减和微调，使波形垂直方向显示为 5 格。

（3）调整垂直移位，使波形的顶部和底部分别位于 100% 和 0% 的刻度线上。

（4）调整扫速开关，使屏幕显示波形的上升或下降沿。

（5）调整水平移位，使波形上升沿的 10% 处相交于某一垂直刻度线上。

（6）测量 10% ~ 90% 两点间的水平距离（图 6.4.10 中 A、B 两点）。

注意：对一些速度较快的前沿（或后沿）的时间测量，将扫描扩展旋钮拉出，可使波形中水平方向扩展 5 倍。

（7）按下式计算出波形的上升时间：

$$上升（或下降）时间 = \frac{水平距离(格) \times 扫描时间因数(时间/格)}{水平扩展因数}$$

例如，在图 6.4.10 中，波形上升沿的 10% 处（A 点）至 90% 处（B 点）的水平距离为 1.8 格，扫速开关置 0.1 μs/格，扫描扩展因数为 ×5，根据公式计算出上升时间：

$$上升时间 = \frac{1.8(格) \times 1 (\mu s/格)}{5} = 0.36（\mu s）$$

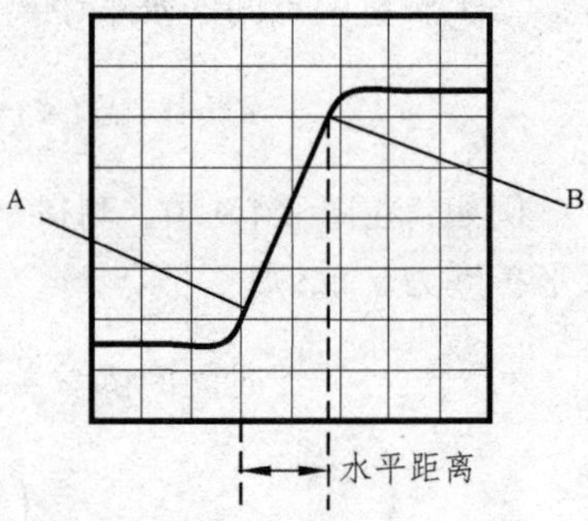

4）时间差的测量

对两个相关信号的时间差的测量，可按下列步骤进行：

（1）根据被测信号频率将垂直方式开关置"ALT"或"CHOP"位置。

（2）将参考信号和一个受比较的信号分别输入"CH1"和"CH2"插座。

图 6.4.10　上升时间的测量

（3）设置触发源选择至作为参考的那个通道。

（4）调整"VOLTS/DIV"，使屏幕显示合适的观察幅度。

（5）调整触发电平使波形稳定显示。

（6）调整"SEC/DIV"，使两个波形的测量点之间有一个能方便观察的水平距离。

（7）调整垂直移位，使两个波形的测量点位于屏幕中央的刻度线上。

（8）测出两点之间的水平距离并用下式计算出时间差：

$$时间差 = \frac{水平距离(格) \times 扫描时间因素(时间/格)}{水平扩展因数}$$

5）相位差的测量

相位差的测量可参考时间的测量方法实行，步骤如下：

（1）按时间差测量的步骤（1）～（4）设置有关控制件。

（2）调"VOLTS/DIV"和微调，使两个波形的显示幅度一致。

（3）调"SEC/DIV"和微调，使波形的一个周期在屏幕上显示 9 格，这样水平刻度线上的每格即被定为 40°（360° 除以 9）。

（4）测量两个波形在上升或下降到同一个幅度时的水平距离。

（5）按下式计算出两个信号的相位差：

$$相位差 = 水平距离（格）\times 40（°/格）$$

例如，在图 6.4.11 中，测得两个波形测量点的水平距离为 1.5 格，根据公式可算出相位差：

$$相位差 = 1.5（格）\times 40（°/格）= 60°$$

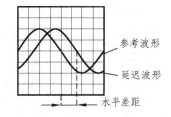

图 6.4.11　相位差的测量

4. 电视场信号的测量

本示波器具有可显示电视场信号的特点，操作方法如下：

（1）将垂直方式设置到"CH1"或"CH2"，将电视信号输入至被选用的通道。

（2）将触发耦合设置到"TV"，并将"SEC/DIV"设置到 2 ms。

（3）对于正向电视信号，将"SLOPE"设置到上升沿触发扫描，对于负向电视信号，则将"SLOPE"设置到下降沿触发扫描。

（4）调整"VOLTS/DIV"，屏幕显示合适的观察幅度。

（5）调整电平，使波形稳定显示。

（6）如需更细致地观察电视场信号，将水平扩展调到 ×5 挡。

5. X-Y 方式的应用

在某些场合，X 轴的光迹偏转须由外来信号控制，如外接扫描信号、李沙育图形的观察或作为其他设备的显示装置等，都需要用到该方式。

X-Y 方式的操作：将"SEC/DIV"开关逆时针方向旋足至"X-Y"位置，由"CH1 OR X"端口输入 X 轴信号，其偏转灵敏度仍按该通道的"VOLTS/DIV"开关指示值读取。

6. Z 轴调制的应用

由仪器背面的 Z 轴输入插座可输入对波形亮度的调制信号，调制极性为负电平加亮，正电平消隐，当需要对被测波形的某段打入亮度标记时，可采用本功能获得。

6.5　DF1945 型数字多用表使用说明书

DF1945 型是双显示智能四位半数字多用表，以微处理器为核心实现自动量程转换，并采用双显示实现记录最大值和最小值、误差分选、比例运算、相对测量、误差计算及软件校准。

6.5.1　技术指标

1. 直流电压（DCV）

最大输入电压：600 V DC，参数如表 6.5.1 所示。

表 6.5.1　直流电压技术指标

量　程	精度（读数，字）	分辨力	输入阻抗
200 mV	±0.05%，±5	10 μV	1 000 MΩ
2 V	±0.05%，±5	100 μV	1 000 MΩ
20 V	±0.05%，±5	1 mV	10 MΩ（30 pF）
200 V	±0.05%，±5	10 mV	10 MΩ（30 pF）
600 V	±0.1%，±5	100 mV	10 MΩ（30 pF）

2. 交流电压（ACV）

交流最大输入电压：600 V AC，频率响应 40 Hz ～ 50 kHz。如表 6.5.2 所示。

表 6.5.2　交流电压技术指标

量程	精度（读数，字）			分辨力	输入阻抗
	40 Hz ～ 1 kHz	1 kHz ～ 5 kHz	5 kHz ～ 50 kHz		
200 mV	±0.3%，±20	±0.6%，±20	±1%，±20	10 μV	1 000 MΩ
2 V	±0.3%，±20	±0.6%，±20	±1%，±20	100 μV	1 000 MΩ
20 V	±0.8%，±20	±1.2%，±20	±2%，±20	1 mV	10 MΩ（30 pF）
200 V	±0.8%，±20	±1.2%，±20	±2%，±20	10 mV	10 MΩ（30 pF）
600 V	±0.5%，±20（40 Hz ～ 50 kHz）			100 mV	10 MΩ（30 pF）

3. 直流电流（DCI）

最大输入电流：15 A；测量 15 A 时连续时间不大于 1 min。如表 6.5.3 所示。

表 6.5.3　直流电流技术指标

量　程	精度（读数，字）	分辨力	输入阻抗
200 mA	±0.2%，±5	10 μA	1 Ω
15 A	±0.5%，±20	1 mV	10 mΩ

4. 交流电流（ACI）

最大输入电流：15 A；测量 15 A 时连续时间不大于 1 min；频率响应 40 Hz ~ 5 kHz。如表 6.5.4 所示。

表 6.5.4　交流电流技术指标

量　程	精度（读数，字）	分辨力	输入阻抗
200 mA	±0.5%，±5	10 μA	1 Ω
15 A	±1%，±20	1 mV	10 mΩ

5. 电阻（Ω）

电阻测量指标如表 6.5.5 所示。

表 6.5.5　电阻技术指标

量　程	精度（读数，字）	分辨力	输出电流
200 Ω	±0.05%，±5	10 mΩ	1 mA
2 kΩ	±0.05%，±5	100 mΩ	1 mA
20 kΩ	±0.05%，±5	1 Ω	10 μA
200 kΩ	±0.05%，±5	10 Ω	10 μA
2 MΩ	±0.1%，±5	100 Ω	1 μA
20 MΩ	±0.2%，±5	1 kΩ	0.1 μA

6.5.2　操作说明

1. 开　机

接通电源并按下 POWER 键即可开机，此时仪器开机自检，稍后即进入正常工作状态，默认为 DC 20 V 挡。为保证测量精确和稳定，建议预热 30 min 再进行测量。

2. 测　量

1）电压（V）

按 DCV 或 ACV 键进入直流或交流电压挡，此时按 AUTO 键可切换自动量程/手动量程。按 UP 或 DOWN 可以向上或向下切换量程。

2）电流（I）

按 DCI 或 ACI 键进入直流或交流电流挡，使用相应接线柱测量，此时自动量程功能不可用。按 UP 或 DOWN 可以向上或向下切换量程。

3）电阻（Ω）

按 Ω 键进入电阻挡，此时按 AUTO 键可切换自动量程/手动量程。按 UP 或 DOWN 可以向上或向下切换量程。

　　4）二极管和通断测试（DIODE、CONT）

　　按 ⊣⊢/(((•))) 键在二极管测试和通断测试之间切换，此时自动量程功能和 UP、DOWN 均不可用。

6.5.3　运算

1. 记录最大值和最小值（LIMIT）

　　选择好测量类型（电压、电流、电阻、二极管测试、通断测试）并调整好量程，按 MENU 键选择 1-LI，按 ENTER 键进入。副屏提示 EN，确认被测对象已接入且量程已调整好，再次按 ENTER 键，仪器就开始记录测得的最大值的最小值。按 MENU 键可查看最大值或最小值，按 ESC 键退出。

2. 误差分选（FILT）

　　选择好测量类型并调整好量程，按 MENU 键选择 2-FIL，按 ENTER 键进入。输入上限值和下限值（默认为前次值，MENU 键循环移位，INC 键循环加 1），按 ENTER 键确认。当输入有误（上限值<下限值）请重新输入。接入被测对象，副屏用 LO、PASS、HI 分别表示偏小、合格、偏大。按 ESC 键退出。

3. 比例运算（SCL）

　　选择好测量类型并调整好量程，按 MENU 键选择 3-SCL，按 ENTER 键进入。输入比例系数（默认为前次值），按 ENTER 键确认。接入被测量，副屏显示运算值（$y=kx$）。按 ESC 键退出。

4. 相对测量（REL）

　　选择好测量类型并调整好量程，按 MENU 键选择 4-REL，按 ENTER 键进入。输入参考值（默认为前次值），按 ENTER 键确认。接入被测量，副屏显示相对运算值（$y=x-b$）。按 ESC 键退出。

5. 误差计算（ERR）

　　选择好测量类型并调整好量程，按 MENU 键选择 5-ERR，按 ENTER 键进入。输入标准值（默认为前次值），按 ENTER 键确认。接入被测量，副屏显示误差值。按 ESC 键退出。
　　说明：以上运算均为对测量值的绝对值的数学运算。

6.5.4　面板说明

　　前、后面板如图 6.5.1 所示，其功能说明如表 6.5.1 所示。

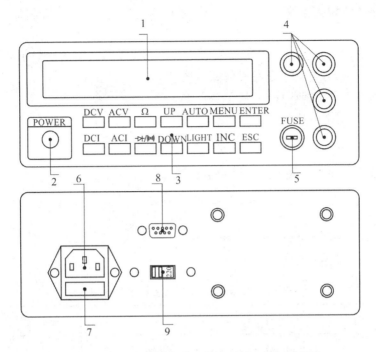

图 6.5.1　DF1945 型数字多用表前、后面板图

表 6.5.1　DF1945 型数字多用表功能说明表

序号	功能	说明
1	液晶显示屏	双 4 $\frac{1}{2}$，按 LIGHT 键调节背光亮度
2	电源开关	按下时电源接通
3	键盘	具体参照操作说明
4	接线柱	不同类型的被测量使用相应接线柱
5	200 mA 挡保险丝	250 V，250 mA，20 mm
6	电源插座	用于电源输入
7	电源保险丝	250 V，500 mA，20 mm
8	RS232 接口	与上位机连接
9	电源转换开关	110 V/220 V

6.5.4　注意事项

（1）长时间不使用请关闭电源。

（2）由于 200 mV 和 2 V 挡的输入阻抗高达 100 MΩ，故仪器开路时会读数跳动或自动量程不能锁定，将表笔短路读数即可回零。建议不使用时将表笔短路以免损坏内部放大器和继电器。

（3）测量高压时，如测量 200 V 以上电压时，建议先将仪器切换到手动量程 DC 800 V 或 AC 600 V 再进行测量，注意避免意外高压冲击。

（4）误通入高压可能损坏仪器。

（5）测量 20 V 以上电压时注意安全。

6.6　UT139C 万用表使用说明书简介

6.6.1　技术指标

UT139C 万用表技术指标如表 6.6.1 所示。

表 6.6.1　UT139C 万用表技术参数表

基本功能	量　　　程	基本精度（读数，字）
直流电压（V）	60 mV/600 mV/6 V/60 V/600 V	±0.5%，±2
交流电压（V）	60 mV/600 mV/6 V/60 V/600 V	±0.7%，±3
直流电流（A）	600 μA/6 000 μA/60 mA/600 mA/6 A/10 A	±0.8%，±2
交流电流（A）	600 μA/6 000 μA/60 mA/600 mA/6 A/10 A	±1.0%，±3
电阻（Ω）	600 Ω/6 kΩ/60 kΩ/600 kΩ/6 MΩ/60 MΩ	±0.8%，±2
电容（F）	9.999 nF/99.99 nF/999.9 nF/9.999 μF 99.99 μF/999.9 μF/9.999 mF/99.99 mF	±4.0%，±5
频率（Hz）	9.999 Hz～9.999 MHz	±0.1%，±4
输入保护	600 Vrms	
输入阻抗	最大 1 GΩ	

6.6.2　使用说明

1. 面　板

面板如图 6.6.1 所示。

1）LCD 显示屏

LCD 显示屏中间显示测量的数据，四周显示相关的测量信息符号，如表 6.6.2 所示。

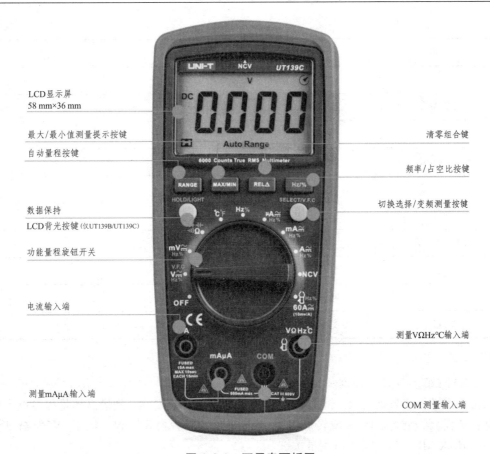

图 6.6.1 万用表面板图

表 6.6.2 LCD 显示信息符号表

符 号	说 明
H	数据保持提示符
–	测量数据为负
AC/DC	交/直流测量提示符
MAX – MIN	最大值/最小值/最大值 – 最小值测量提示符
▭	机内电池欠压提示符
Auto Range	自动量程提示符
▶|	二极管测量提示符
·)))	电路通断测量提示符
Δ	相对测量提示符
Ω/kΩ/MΩ	欧姆/千欧姆/兆欧姆
Hz/kHz/MHz	赫兹/千赫兹/兆赫兹

续表

符　号	说　明
%	占空比测量单位
mV/V	毫伏/伏
μA/mA/A	微安/毫安/安
nF/μF/mF	纳法/微法/毫法
°C	摄氏温度单位
°F	华氏温度单位
（EF）NCV	非接触交流电压感测提示符
⏻	自动关机提示符
⌀	电流卡钳
VFC	交频测量提示符

2）按钮

（1）RANGE 自动量程按键。

点击该按键切换自动/手动量程，每点击一次往上跳一挡量程，到最高挡量程再点击则跳到最低挡量程。常按键大于 2 s 或转盘切换，则退出手动量程模式。（仅适用于：V$\eqsim$、Ω、I$\eqsim$。）

（2）MAX/MIN 最大/最小值测量按键。

点击该按键自动进入手动量程模式，自动关机功能被取消，并显示最大值，再点击显示最小值，再点击则显示"最大值 – 最小值"，依次循环。如常按键大于 2 s 或转盘切换，则退出数据记录。（仅适用于：V$\eqsim$、Ω、I$\eqsim$、°C/□F。）

（3）REL 清零组合按键。

点击该按键自动进入手动量程模式，将当前显示值作为参考值，然后显示测量值与参考值之差值，再次点击则退出相对测量。（仅适用于：V$\eqsim$、Ω、I$\eqsim$、°C/□F、⊣⊢。）

（4）Hz% 频率/占空比按键。

点击该按键切换 Hz/%~二种模式。仅适用于频率、交流电压/电流测量模式选择。

3）圆按钮

（1）SELECT 数据保持/LED 背光按键。

点击该按键选择量程（仅适用于复合量程）。在交流模式下按此键大于 2 s，显示"UPC"可进入 V.F.C 测量模式，能稳定测量变频电压。再长按此键大于 2 s，显示"End"即可退出 V.F.C 测量模式。

（2）HOLD 切换选择/变频测量按键。

点击此按键，显示值被锁定保持，LCD 显示"H"提示符，再点击一次，锁定被解除，进入通常测量模式。如常按此键大于 2 s，则背光被打开，约开启 15 s 后会被自动关闭，如背光开启后再按此键大于 2 s，则背光被关闭。

4）功能量程旋钮开关

量程旋钮功能如表 6.6.3 所示。

表 6.6.3　量程选择旋钮功能表

量程旋钮位置	量程功能说明
V.F.C V≅ Hz%	变频测量、交流/直流电压测量（V）、频率测量、占空比测量
mV≅ Hz%	交流/直流电压测量（mV）、频率测量、占空比测量
▸─┤├ ·))Ω	二极管测量、电容测量、电路通断测量、电阻测量
°C°F	温度测量
Hz%	频率测量、占空比测量
μA≅ Hz%	交流/直流电流测量（μA）、频率测量、占空比测量
mA≅ Hz%	交流/直流电流测量（mA）、频率测量、占空比测量
A≅ Hz%	交流/直流电流测量（A）、频率测量、占空比测量
NCV	非接触交流电压感测量

5）测量输入端

被测电量的输入如图 6.6.2 所示。

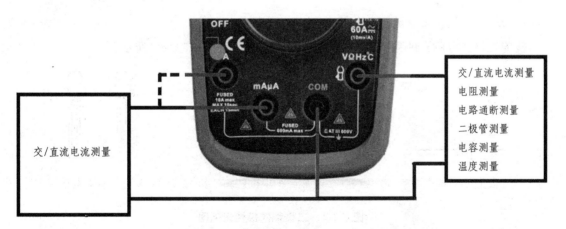

图 6.6.2　万用表被测电量输入端图

第7章　电子器件及装置

7.1　半导体分立器件管脚的识别与简单测试

7.1.1　二极管的识别与测试

1. 二极管的极性识别

1）从外壳上的符号标记进行识别

通常在器件的外壳上标有二极管的图形符号，根据图形符号识别其二极管的正极与负极，如图 7.1.1（a）所示。

2）从外壳上的色点标记进行识别

在点式接触二极管的外壳上，通常标有极性色点（白色或红色）。一般标有色点的一端即为正极。

3）从外壳上的色环标记进行识别

在二极管的外壳上标有色环（即普通二极管的色标颜色一般为黑色，而高频变阻二极管的色标颜色则为浅色），带色环的一端则为负极。如图 7.1.1（b）所示。

4）从发光二极管的管脚长短进行识别

发光二极管管脚长的为正极，管脚短的为负极。如图 7.1.1（c）所示。

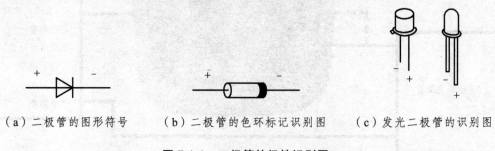

（a）二极管的图形符号　　　（b）二极管的色环标记识别图　　　（c）发光二极管的识别图

图 7.1.1　二极管的极性识别图

5）用万用表测试法进行识别

以万用表测试出的阻值较小为准，黑表笔（由万用表的负极端引出）所接二极管的一端为正极，红表笔（由万用表的正极端引出）所接二极管的一端则为负极。其测试原理电路如图 7.1.2 所示。

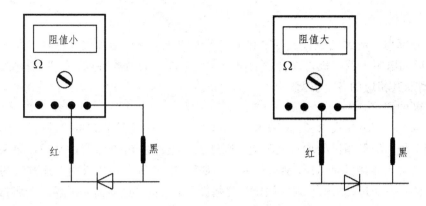

图 7.1.2　用万用表测试二极管极性图

注：万用表正端（＋）红表笔接表内电池的负极，而万用表负端（－）黑表笔接表内电池的正极。根据 PN 结的单向导电性，即正向导通电阻值小，反向截止电阻值大的原理，测试判定二极管的好坏和极性。

2．二极管的好坏测试

性能好的二极管，一般反向电阻比正向电阻大几百倍。

（1）用万用表测试出二极管的正、反向电阻均很小或等于零，则说明二极管已被击穿或短路。

（2）用万用表测试出二极管的正、反向电阻均很大或接近无穷大，则说明二极管已开路。

（3）用万用表测试出二极管的正、反向电阻值相差不大，则说明二极管的性能很差。

7.1.2　三极管管型和管脚的判断

1．三极管的极性识别

1）根据外壳标记

从外壳上的符号标记进行识别，如图 7.1.3 所示。

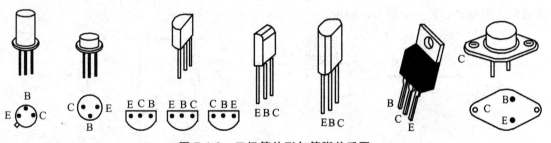

图 7.1.3　三极管外形与管脚关系图

2）根据器件型号

对于型号标志清楚的三极管，可查找产品目录，找出三个脚及其相应的各个电极。

3）测试方法

对于型号标志不清的三极管，可以利用三极管的两个 PN 结和放大特性，即 PN 结的正向电阻小、反向电阻大及三极管在合适的电压下具有放大能力的特点，判别三极管是 PNP 型还是 NPN 型及其相应的各个管脚。

（1）基极的测定。

首先找基极，用万用表 R×100 或 R×1 kΩ 挡，将红表棒接假定的"基极"，黑表棒分别接触另外两个极。如果测得的均是低阻值，则红表棒接的是 PNP 型管的基极。如果测得的均是高阻值，则红表棒接的是 NPN 型管的基极。如图 7.1.4 所示。如果用上述方法测得的结果一个是低阻值，一个是高阻值，则原假定的"基极"是错的，这就需要另换一个脚假定为"基极"再测试，直到满足上述要求为止。

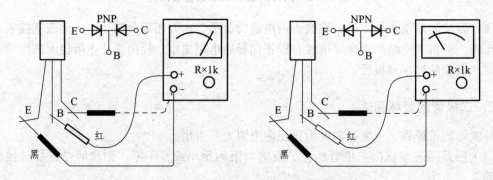

图 7.1.4　万用表测定基极管脚图

注意：不要用 R×1 挡及高压电阻挡进行这项测试，因为该两个电阻挡的测试电流大（几十毫安）或测试电压高（9～22.5 V），对被测管不利，容易损坏管子。

（2）集电极和发射极的测定。

接下来判别发射极与集电极。对于 PNP 型管子，先假定黑表棒接的是"集电极"，红表棒接的是"发射极"。用湿润的手捏住集电极、基极两个极，但不能使两极短路，读出阻值（见图 7.1.5）；然后调换红、黑表棒作第二次测试，也读出阻值，比较两次读数的大小，读数小的则红表棒接的是集电极，另一个脚即为发射极；对于 NPN 型管，则黑表棒接假定的"集电极"，红表棒接假定的"发射极"，照上述方法测试，比较两次读数的大小，小的那次，黑表棒接的为集电极，另一个脚为发射极。

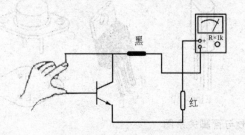
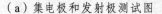
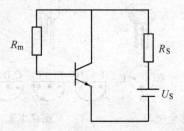

（a）集电极和发射极测试图　　　　　　　　（b）集电极和发射极测试图的等效电路图

图 7.1.5　万用表测定集电极和发射极管脚图

2. 三极管的质量好坏的测试

用万用表可粗略地判断管子的质量。对于 PNP 型管，第一步，红表棒接集电极，黑表棒接基极，阻值越大越好，应在数百千欧以上，实际上该步是估测 I_{CBO} 的大小。第二步，估测穿透电流 I_{CEO} 的大小，将红表棒接集电极，黑表棒接发射极，电阻值大的好，一般应在数十千欧以上，如果阻值很小，且不稳定说明该管穿透电流大，温度稳定性差。对于 NPN 型管，则只要表棒反一下，重复上述步骤判别即可。

7.2　集成器件使用规则

7.2.1　TTL 集成器件使用规则

1. 电　源

TTL 电路对电源要求较严。54 系列的电源电压 V_{CC} 应在 4.5 ~ 5.5 V 选择，74 系列的电源电压 V_{CC} 应在 4.75 ~ 5.25 V 选择，通常取 $V_{CC} = +5 \times (1 \pm 10\%)$ V，超过这个范围将损坏器件或导致功能不正常。另外 TTL 电路存在电源尖峰电流，为了防止外来干扰电压通过电源串入电路，有必要在电源输入端接入 10 ~ 100 μF 电容，以作低频滤波。每隔 6 ~ 8 个门应加接一个 0.01 ~ 0.1 μF 的电容作为高频滤波电容。在使用中规模和高速器件时，还应适当增加高频滤波电容。

2. 多余输入端的处理

（1）对于 TTL 或门和或非门，多余输入端不允许悬空，必须接地或低电平。

（2）对于 TTL 与门和与非门，或 $V_{CC} \leqslant 5.5$ V，多余输入端则可直接接 V_{CC}，也可以串入一只 1 ~ 10 kΩ 的电阻，或者接 2.4 ~ 4.5 V 的固定电压，也可以接在输入端接地的多余门或反相器的输出端。

（3）悬空处理。当 TTL 器件接入带电系统时，其悬空输入端相当于高电平。对于一般小规模电路的数据输入端，实验时允许悬空处理。JK 触发器、D 触发器，其输入端是“与”的关系，可用上述与非门多余输入端的处理方法来处理。对于或非门、或门，按其逻辑要求，多余输入端不能悬空，只能接地。对于与或非门中不使用的与门，至少应有一个输入端接地。

（4）若前级驱动能力强，可以与使用的输入端并联使用。对 LS 系列器件应避免这样使用。

3. 对输入端的接地电阻的要求

当 $R \leqslant 680$ Ω 时，输入端相当于逻辑 0；当 $R \geqslant 4.7$ kΩ 时，则输入端相当于逻辑 1。当然，对于不同系列的器件，要求的电阻值不同。

4. 输出端的连接

TTL 器件的输出端不允许直接接地或直接接电源 V_{CC}。对于 1 000 pF 以上的容性负载，应串接几百欧的限流电阻，否则将导致器件损坏。有时为了使后级电路能获得较高的输出高电平（例如驱动 CMOS 电路），允许输出端通过 R（称为提长升电阻）接至 V_{CC}。一般取 R 为 $3 \sim 5.1$ kΩ。

除集电极开路输出电路和三态输出电路外，TTL 电路的输出端不允许并联使用，否则，不仅会使电路逻辑混乱，而且会导致器件损坏。

7.2.2　CMOS 集成电路使用规则

1. 电　源

（1）CMOS 集成电路的电源端 V_{DD} 接电源正极，接地端 V_{SS} 接电源负极（通常接地）。电源绝对不允许反接，否则器件（包括保护电路）会因电流过大而永久性的损坏。

（2）对于 CC4000 系列的集成电路，电源电压 V_{DD} 可在 $+3 \sim +18$ V 选择，但最大不得超过 $+18$ V，V_{DD} 选择越高，其抗干扰能力越强。实验中一般要求使用 $+5$ V 电源，这样便于和 TTL 的电源一致。

（3）工作在不同电源电压下的器件，其输出阻抗、工作速度和功耗等参数也会不同，在设计使用中应引起注意。

2. 多余输入端的处理

所有 CMOS 集成电路的输入端一律不准悬空，应按逻辑要求接 V_{DD} 或 V_{SS}，以免受干扰造成逻辑混乱，甚至损坏器件。在工作速度不高的电路中，允许输入端并联使用。

3. 输入端的连接

输入信号 V_i 的电压变化范围应为 $V_{SS} \leqslant V_i \leqslant V_{DD}$，如果 V_i 超出此范围，可能会使器件损坏，为防止这种情况出现，可在输入端串接一个限流电阻，阻值在 $10 \sim 100$ kΩ 选取。

4. 输出端的连接

输出端不允许直接接 V_{DD} 或 V_{SS}，否则将导致器件损坏。除三态（TS）器件外，不允许两个不同芯片器件的输出端并联使用。

5. 芯片间的并联

为了增加驱动能力，允许把同一芯片上的电路并联使用。此时器件的输入端与输出端均对应连接。

6. 注意事项

（1）电路应放在导电的容器内。

（2）在装接电路、改变电路连线或插拔电路器件时，必须切断电源，不可以带电操作。

（3）焊接时必须将板的电源切断；电烙铁外壳必须良好接地，必要时可以拔下烙铁电源，利用烙铁的余热进行焊接。

（4）所有测试仪器的外壳必须良好接地。

（5）若信号与电路板使用两组电源供电，开机时，先接通电路板电源，再接通信号源电源；关机时，先断开信号源电源，再断开电路板电源。

7.3 EE2040 电路基础实验装置使用说明书

7.3.1 概　述

电路基础实验装置主要用于实施与电路分析内容相关的实验项目。通过实验装置所提供的平台，实施并完成元件特性、电路电量、电路定律、电路定理、电路特性和变化规律等电路理论的实验教学任务，提高学生实验技能和工程实践能力，为学习后续课程以及与本专业有关的工程技术奠定基础。

本装置如图 7.3.1 所示，装置性能稳定，安全性强，操作便利。

图 7.3.1　EE2040 电路基础实验装置图

7.3.2 主要技术参数

电路基础装置如图 7.3.1 所示，下面论述其主要技术参数。

1. 三相负载模块

三相负载模块主要由三部分组成，即电阻负载、熔断器和开关。

1）三相负载

装置上提供了 3 组三相负载，每相负载含有四个 3W510RJ 电阻及对应的控制开关和两个电流测试按键开关，其电路原理如图 7.3.2（a）所示。

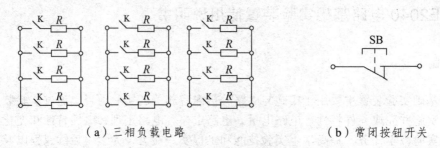

（a）三相负载电路　　　　　　　　　　　（b）常闭按钮开关

图 7.3.2　三相负载模块电路图

注意：3W510RJ 为金属膜电阻其额定电压为 24 V，额定功率为 3 W，电阻值为 510 Ω，阻值允许偏差 ± 5%。

2）熔断器

为保护装置及测试设备的安全，装置配有四个独立保险盒 FUSE，保险管熔断电流为 500 mA，额定电压为 AC 250 V，主要用于三相电路中的每相负载或中线中的电流保护，即过流或短路保护。

3）常闭按钮开关

装置上有 7 个常闭按钮开关（即 PRESS/TEST），主要用于电流的测试。即将电流表并接在常闭按钮开关两端，当未按下常闭按钮开关时，开关处于常闭状态，等效于导线；当按下常闭按钮开关时，常闭按钮开关动断，即电流表串入测试回路。常闭按钮开关的图形符号如图 7.3.2（b）所示。

2. 荧光灯镇流器

装置上有一个 T8 36 W 荧光灯镇流器，其额定电压为 220 V，额定频率为 50 Hz。镇流器在电路实验中常作为感性负载使用。

3. 电容模块

电容模块电路如图 7.3.3 所示。

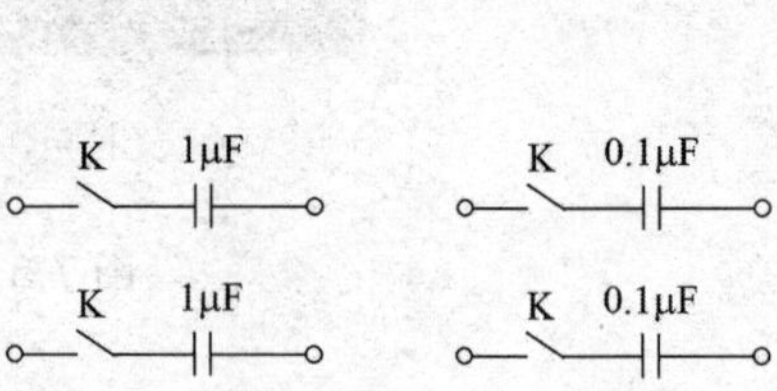

1）电容参数

装置上有两种电容器，即电容和电解质电容。本模块使用的是电容，共有 26 个，其中有 13 个是 1 μF 的电容，13 个是 + 0.1 μF 的电容。

2）开关

每个电容都与一个开关串联。开关状态为 ON 时，

图 7.3.3　电容模块电路图

开关接通；开关状态为 OFF 时，开关断开。

4. 交流电压源模块

1）交流电压源

本模块可提供 2 个 24 V 的交流电压源信号，并由一个控制开关控制电压源的输出状态。当电源开关状态为 ON 时，电路与交流 24 V 电压电源接通；当电源开关状态为 OFF 时，电路与交流 24 V 电压电源断开。

注意：实验中在进行接线操作时，本模块的电源开关必须为 OFF 状态，等确认实验线路连接正确后，再将电源开关改接为 ON 的状态。

2）熔断器

在交流电路工作模块中，装置提供了两个熔断器，即一个熔断器技术参数为额定电压 AC 250 V、额定电流 125 mA；另一个熔断器技术参数为额定电压 AC 250 V、额定电流 500 mA。

5. 受控电源模块

受控电源模块电路如图 7.3.4 所示。

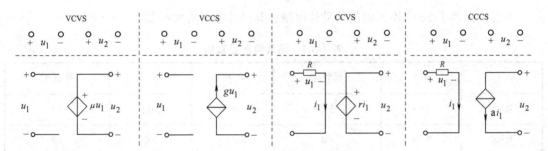

图 7.3.4 受控电源模块电路图

1）受制电源电路

装置上提供了四个由运算放大器构成的受控电源电路，即电压控制电压源（VCVS）、电压控制电流源（VCCS）、电流控制电压源（CCVS）、电流控制电流源（CCCS）。

2）受制电压的输入与输出

装置上的接线端上标有电压 u_1 的是控制电源的输入信号端；接线端上标有电压 u_2 的是控制电源的输出信号端。

6. 直流电压源模块

装置上提供了两种直流电压源，即可调的直流电压源和恒定电压值的直流电压源。如图 7.3.5 所示。

1）可调直流电压源

装置上标示的"直流信号发生器"是可调直流电压源，即输出的直流电压可调，调节范围为 − 5 V ~ + 5 V。

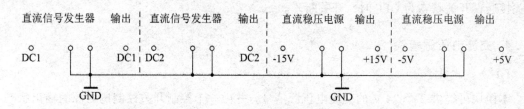

图 7.3.5　直流电压源模块电路图

直流信号发生器输出（DC1、DC2）端的直流电压可通过"粗调"和"细调"按钮实现。一般操作时，先用粗调按钮调节输出直流电压值，再用细调按钮微调输出的直流电压值。

2）恒定直流电压源

电压源输出的直流电压值为 + 15 V、- 15 V、+ 5 V、- 5 V 四种恒定直流电压值。其电源模块上还分别配置有电源开关和电源总开关。

注意：实验中在进行接线操作时，电源开关必须为 OFF 状态，等确认实验线路连接正确后，再将电源开关改接为 ON 的状态。

7. 贴片电阻模块

本模块提供了 26 个不同阻值的贴片电阻，其贴片电阻的大小如表 7.3.1 所示。

表 7.3.1　贴片电阻参数值

电阻	型号	参数/Ω	电阻	型号	参数/Ω
RR1	5R1	5.1	RR14	5R1	5.1
RR2	100	10	RR15	100	10
RR3	19R6	19.6	RR16	19R6	19.6
RR4	510	51	RR17	510	51
RR5	101	100	RR18	101	100
RR6	301	300	RR19	301	300
RR7	511	510	RR20	511	510
RR8	102	1 000	RR21	102	1 000
RR9	102	1 000	RR22	102	1 000
RR10	1581	1 580	RR23	1581	1 580
RR11	3001	3 000	RR24	3001	3 000
RR12	5101	5 100	RR25	5101	5 100
RR13	1022	10 200	RR26	1022	10 200

8．电解质电容模块

装置上有 6 个不同技术参数的电解质电容。这 6 个电解质电容参数为：10 μF/100 V、22 pF/63 V、33 pF/63 V、47 pF/50 V、100 μF/50 V、100 μF/50 V。

注意：实验中注意电解质电容的正、负极性，即电解质电容的正端连接电压的正极，负端连接电压的负极，电解质电容在电路中必须按所标定的电压方向连接。

9．电感器件模块

装置上有 7 个不同技术参数的电感器件。即 7 个电感器件参数为：10 mH 电感 2 个，25 mH 电感 2 个、100 mH 电感 2 个、150 mH 电感 1 个。

10．二极管模块

装置上提供了 4 个二极管电子器件，即 DD1、DD2、DD3、DD4。如图 7.3.6 所示。
注意：装置上标出了二极管的正向偏置电压方向。

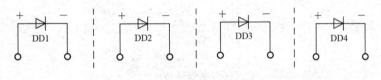

图 7.3.6　二极管模块电路图

11．交、直流转换电路模块

略。

7.4　EE2010 电子综合实践装置使用说明

7.4.1　概　述

电子综合实践装置主要用于实施模拟电子技术、数字电子技术及与电子技术综合应用内容相关的实验项目，包括模拟电子器件的伏安特性、放大特性、传输特性和模拟电子电路的应用功能；数字集成器件的逻辑功能和逻辑电路的分析与设计；数电、模电的综合分析、设计与应用等。通过 EE2010 电子综合实践装置平台，能很好地进行电子技术实验教学实施，灵活地组合实验项目，实现层次化、模块化、专业化等多元化的电子技术实验教学，提高学生的实验技能和工程实践能力，为学习后续课程以及从事电子工程技术工作奠定基础。

本装置如图 7.4.1 所示，装置性能稳定，安全性强，操作便利。

EE2010 实验箱总体按功能及使用分块布局，上部为数码管、LED 显示；中间为实验电路构建区；下部为实验电源及信号源。

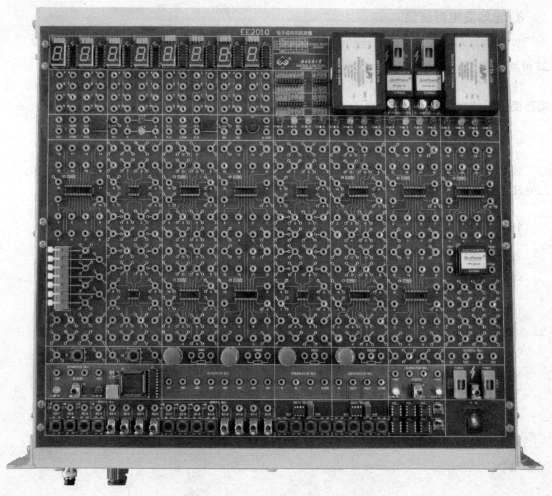

图 7.4.1　EE2010 电子综合实践装置

7.4.2　功能模块简介

下面针对图 7.4.1 所示的 EE2010 电子综合实践装置，分功能模块进行简单介绍。

1. BCD 七段显示译码器模块

BCD 七段显示译码器模块如图 7.4.2 所示。

1）七段数码管

每个七段数码管上方有一个"红色跳线"端，当"红色跳线"端向上时，可配置连接共阳极数码管；当"红色跳线"端向下时，可配置连接共阴极数码管。

2）BCD 七段显示译码器的驱动信号输入

当七段数码管单独使用时（如图 7.4.2 中的左上角模块所示），abcdefg 为对应的输入端，dp 为小数点输入；当七段数码管与 BCD 码七段译码器相接时（如图 7.4.2 中的右上角模块所示），BCD 码从译码器对应的 ABCD 端输入。

3）数码管的电源输入

使用数码管时，需要将 5 V 电源连接至数码管电源输入。

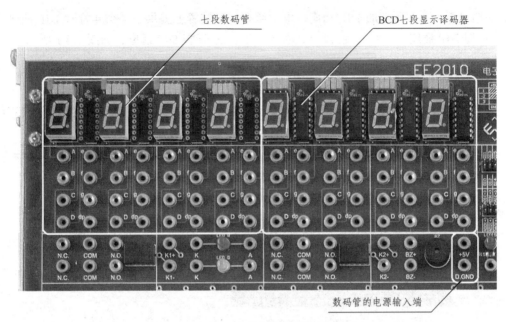

图 7.4.2　BCD 七段显示译码器模块图

2. 器件模块

器件模块如图 7.4.3 所示。电子综合实践装置上提供了小型继电器两个、LED 和蜂鸣器一个。

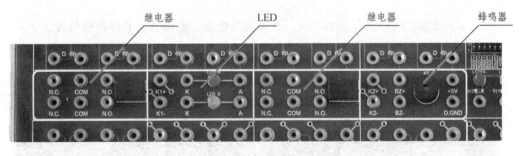

图 7.4.3　器件模块

3. 器件的三种连接方式

器件的三种连接方式如图 7.4.4（a）所示。

1）接线端子

"接线端子"又称为"端子排"。"接线端子"可实现线路的快速连接，起到信号（电压、电流）传输的作用，使用端子排接线美观，维护和施工方便。

2）开　关

电子综合实践装置上提供了两个按钮开关，其电路原理如图 7.4.4（b）所示。

3）DIP 插座

如图 7.4.4（a）所示的 DIP 插座，电子综合实践装置上提供了 4 个 4 管脚 DIP 插座、4 个 14 管脚 DIP 插座、4 个 16 管脚 DIP 插座、2 个 20 管脚 DIP 插座，如图 7.4.1 所示。

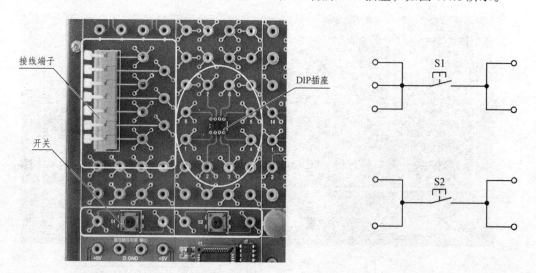

（a）器件的三种连接方式　　　　　　　　　（b）按钮开关的电路原理图

图 7.4.4　器件的连接方式图

4. 各种信号源

如图 7.4.5 所示，信号源有三个模块：直流电压电源、逻辑开关和脉冲信号源。

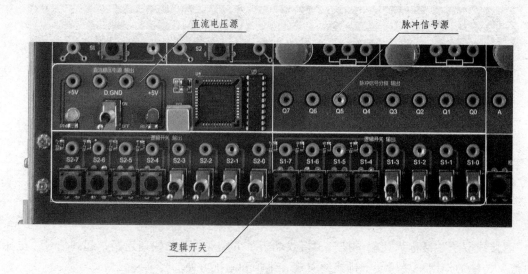

图 7.4.5　各种信号源电路图

1）直流稳压电源

本模块主要由直流 5 V 电压输出端、电压信号指示灯和电源开关组成。注意：两个电压电源的"负"端为共地端。

2）逻辑开关

图 7.4.5 中有两组逻辑开关，每组逻辑开关又分 4 位"按键式逻辑开关"和 4 位"钮子式逻辑开关"两种，如图 7.4.6 所示。

（1）按键式逻辑开关的逻辑关系：当按下按键式逻辑开关时，对应的输出端为高电平，不操作按键式逻辑开关时，对应的输出端为低电平。

（2）钮子式逻辑开关的逻辑关系：当将钮子式逻辑开关往上扳时，对应的输出端为高电平；当将钮子式逻辑开关往下扳时，对应的输出端为低电平。

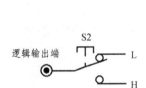

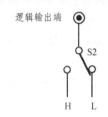

（a）按键式逻辑开关　　　　　　　　（b）钮子式逻辑开关

图 7.4.6　逻辑开关电路原理图

3）脉冲信号源

脉冲信号源的 8 个输出端的频率为分频关系，即输出端 Q0～Q7 相邻位输出频率相差 10 倍，其中，Q0 频率最低，Q7 频率最高。

5. 交、直流电源

如图 7.4.7 所示模块中，有函数信号发生器、直流稳压电源、变压器次边和电源开关等 4 个功能模块。

1）函数信号发生器

装置上标示的"函数信号发生器"是一个双路可调直流电压源，即输出的直流电压可调，调节范围为 − 5～ + 5 V。

函数信号发生器是一个具有双路输出端（即 DC1、DC2 为正极端，COM 为共地端）的直流电压源，其输出电压值的大小，可通过"粗调"和"细调"按钮实现。一般操作时，先用粗调按钮调节输出直流电压值（粗调步进 300 mV），再用细调按钮微调输出的直流电压值（细调步进 10 mV）。

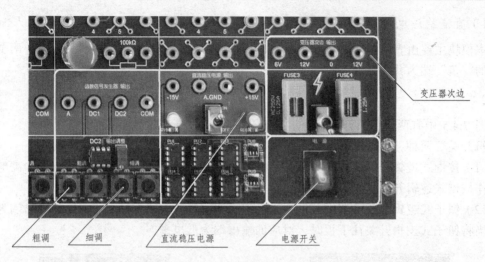

图 7.4.7　交、直流电源模块

2）直流稳压电压源

电压源输出的直流电压值为 + 15 V、− 15 V 两种恒定直流电压值。

3）变压器次边

变压器次边有三个频率为 50 Hz 的交流电压输出端，即交流电压输出端 6 V、12 V、12 V，0 V 为共地端。

4）电源开关

电源开关为实验箱的总开关。

6. 直流电源模块

如图 7.4.8 所示的直流电源模块是直流稳压 5 V 电源（见图 7.4.5）和 ± 15 V 稳压电源（见图 7.4.7）的产生电路模块，模块中有输出短路保护。

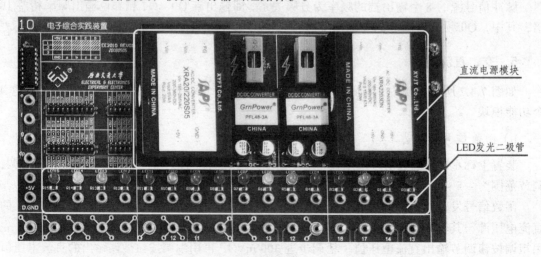

图 7.4.8　直流电源模块和 LED 发光二极管电路图

注意：由于实验箱脉冲信号源 CPLD 无静电保护功能，学生在连线、检查线路、拆线过程中请勿带电操作。

7．LED 发光二极管

如图 7.4.8 所示电路中，4 组 16 位发光二极管，全部为共阴极连接，实验箱内部已经将 LED 阴极连接至 D.GND 端。

参考文献

[1]　王英. 电工与电子技术实验教程（少学时）[M]. 成都：西南交通大学出版社，2015.

[2]　王英. 电工技术基础（电工学 I）[M]. 2 版. 北京：机械工业出版社，2015.

[3]　李春茂. 电子技术基础（电工学 II）[M]. 2 版. 北京：机械工业出版社，2015.

[4]　沈小丰. 电子线路实验：电路基础实验[M]. 北京：清华大学出版社，2007.

[5]　王英. 电路分析实验教程[M]. 2 版. 成都：西南交通大学出版社，2015.

[6]　王英. 模拟电子技术基础[M]. 2 版. 成都：西南交通大学出版社，2008.

[7]　吕念玲. 电工电子基础工程实践[M]. 北京：机械工业出版社，2008.

[8]　陈同占. 电路基础实验[M]. 北京：清华大学出版社，2003.

[9]　王英. 电子综合性实习教程[M]. 成都：西南交通大学出版社，2008.

[10]　陈大钦. 电子技术基础实验[M]. 北京：高等教育出版社，2002.

[11]　路勇. 电子电路实验及仿真[M]. 北京：清华大学出版社，北方交通大学出版社，2004.

[12]　王尧. 电子线路实践[M]. 南京：东南大学出版社，2000.

[13]　吕念玲. 电工电子基础工程实践[M]. 北京：机械工业出版社，2008.